中央高校基本科研业务费专项资金资助项目
Fundamental Research Funds for the Central Universities

应对气候变化碳捕集、利用与封存相关问题研究

郭健 著

本书在简要介绍碳捕集、利用与封存技术基础上，总结国内外CCUS研究现状及CCUS在中国发展情况，深入分析CCUS投资激励、封存场地选择、风险管理以及在中国面临的机遇与挑战等问题，旨在探究CCUS管理的理论体系和方法，降低CCUS大规模实施的风险，促进CCUS在中国的发展。

中国财经出版传媒集团
经济科学出版社
Economic Science Press

图书在版编目（CIP）数据

应对气候变化碳捕集、利用与封存相关问题研究/郭健著.—北京：经济科学出版社，2021.2
ISBN 978-7-5218-2417-9

Ⅰ.①应… Ⅱ.①郭… Ⅲ.①二氧化碳-收集-研究-中国②二氧化碳-利用-研究-中国③二氧化碳-保藏-研究-中国 Ⅳ.①X701.7

中国版本图书馆CIP数据核字（2021）第038837号

责任编辑：于海汛　郭　威
责任校对：刘　娅
责任印制：范　艳　张佳裕

应对气候变化碳捕集、利用与封存相关问题研究
郭　健　著
经济科学出版社出版、发行　新华书店经销
社址：北京市海淀区阜成路甲28号　邮编：100142
总编部电话：010-88191217　发行部电话：010-88191522
网址：www.esp.com.cn
电子邮箱：esp@esp.com.cn
天猫网店：经济科学出版社旗舰店
网址：http://jjkxcbs.tmall.com
北京季蜂印刷有限公司印装
710×1000　16开　11印张　210000字
2021年11月第1版　2021年11月第1次印刷
ISBN 978-7-5218-2417-9　定价：46.00元
（图书出现印装问题，本社负责调换。电话：010-88191510）

序　言

工业革命以来，人类生产、生活活动产生了大量温室气体，导致全球气候变暖，气候变化已成为人类生存和可持续发展的主要威胁。目前，碳捕集、利用和封存（CCUS）技术被认为是缓解气候变化从而减少温室气体排放最有潜力的技术之一。CCUS 技术将在工业生产或能源转换过程中捕获和分离出的二氧化碳，输送到特定地点以供利用或封存，包括二氧化碳的捕集、运输、利用、封存等多个环节。

中国是世界上人口和化石能源消费较多的国家。随着经济领域的快速发展，中国的化石能源需求将继续增长。为了发展低碳经济，CCUS 将成为中国减少二氧化碳排放的战略技术选择。作为负责任的发展中国家，中国政府已采取积极措施应对全球气候变化，一些 CCUS 示范项目正处于建设和实施阶段。中国 CCUS 理论研究和实践应用尚处于起步阶段，许多理论问题尚待进一步深入探究。

《应对气候变化碳捕集、利用与封存相关问题研究》通过简要介绍碳捕集、利用与封存技术，在总结国内外 CCUS 相关研究现状和 CCUS 在中国发展现状基础上，深入分析 CCUS 项目投资激励、封存场地选择、风险管理以及在中国面临的机遇与挑战等问题，旨在探究 CCUS 管理的理论体系和方法，降低 CCUS 项目大规模实施的风险，促进 CCUS 项目在中国的健康发展。

本书的内容可分为八大部分：CCUS 提出的背景和意义、CCUS 技术简介、CCUS 国内外研究现状、CCUS 在中国的发展现状、CCUS 项目投资激励机制、CCUS 封存场地选择、CCUS 项目风险管理、CCUS 在中国面临的机遇与挑战以及对中国 CCUS 技术发展的建议。

本书由中央财经大学管理科学与工程学院郭健老师撰写。中央财经大学管理科学与工程学院 2017 级研究生蔡静茹、张家明，2019 级研究生费嘉欣、肖承学、李鑫，2013 级本科生谢萌萌、欧阳伊玲参与了本书的撰写，在此深表谢意。随着 CCUS 研究的日益深入和实践应用的逐步开展，特别是由于作者水平有限，书中可能会有错误和疏漏之处，恳请读者批评指正。

郭　健

2020 年 6 月 22 日

目　录

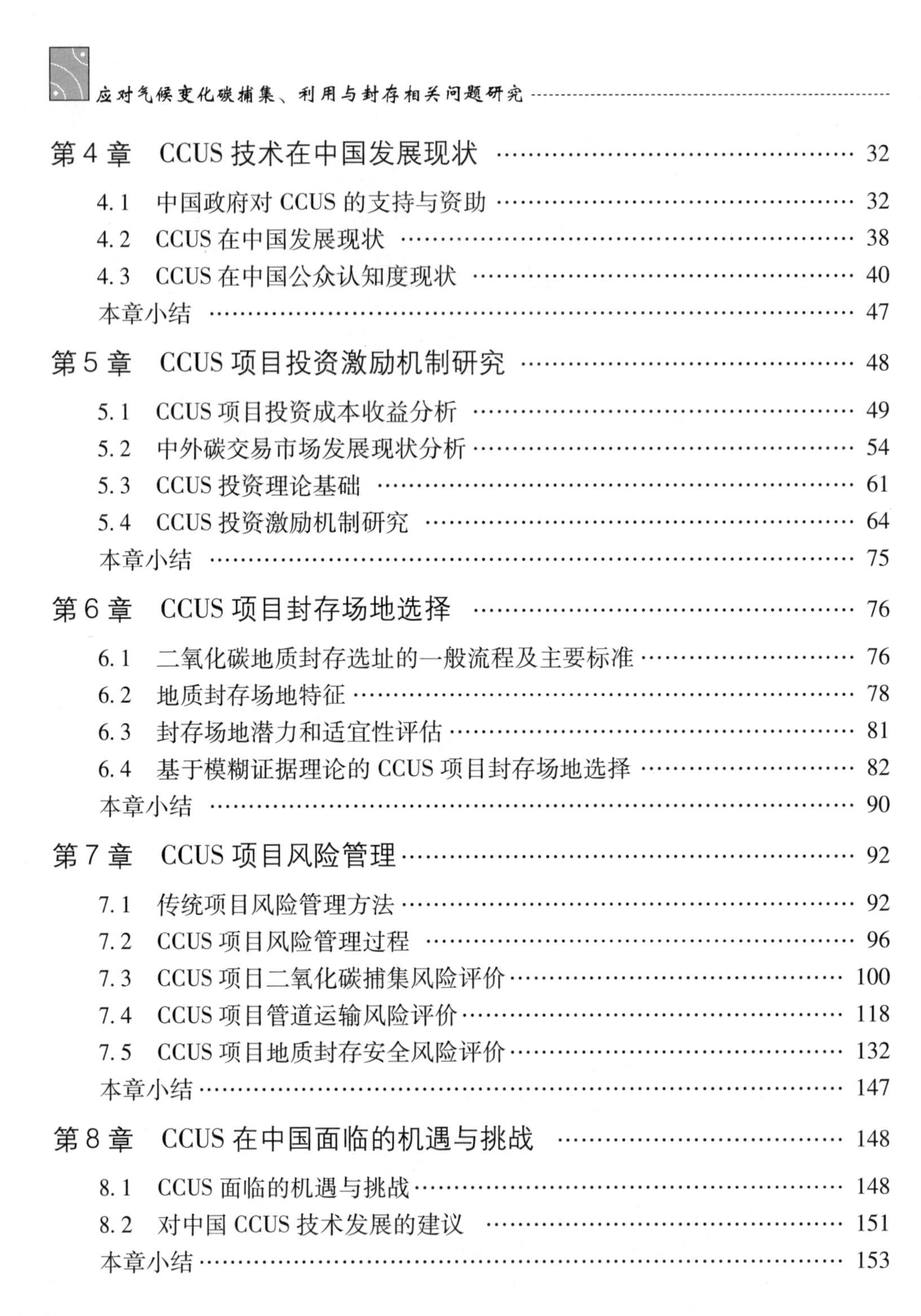

第 1 章

引　言

进入 21 世纪以后，气候变化是人类面临的共同威胁，作为应对气候变化的最具潜力的二氧化碳减排技术之一，碳捕集、利用与封存技术（carbon dioxide capture，utilization and storage，CCUS）在全球各地受到了广泛重视。

1.1 研究背景

1.1.1 环境问题

在人类社会高速发展的时代，地球与我们赖以生存的生态环境渐渐地遭到人类破坏，其中大气污染和温室效应已成为威胁人类生活的全球性环境问题，而这两类问题产生的主要原因都离不开大量大气污染物的排放，这其中尤为严重的便是燃料燃烧所产生的污染性气体。火力发电厂、钢铁厂、炼焦厂等工矿企业的燃料燃烧，各种工业窑炉的燃料燃烧以及各种民用炉灶、取暖锅炉的燃料燃烧均向大气排放出大量污染物。燃烧排气中的污染物组分与能源消费结构有密切关系，发达国家能源以石油为主，排放的气体主要是二氧化碳（CO_2）、一氧化碳（CO）、二氧化硫（SO_2）、氮氧化物（NO_X）和有机化合物。中国能源以煤为主，主要全球性大气污染物是颗粒物（烟粉尘或一次 $PM_{2.5}$）、SO_2、NO_X、CO_2 和汞（Hg）等重金属[1]。

大量的研究证明了全球气候变化将对自然生态系统造成重大影响，进而开始威胁人类社会的生存和发展，因此污染性气体的排放逐渐成为国际社会共同关注的热点问题。而为了尽可能减少以 CO_2 为主的污染性气体排放，减缓全球气候变化趋势，人类正在通过持续不断的研究以及国家间合作，从技术、经济、政策、法律等层面探寻长期有效的解决途径。2008～2018 年全球二氧化碳排放量和增长率如图1.1所示。2010～2016年二氧化碳排放量增长率明显降低，由此可见世界各国在节能减排中的诚意和努力。但是2017年度能源使用产生的二氧化碳排放量为325亿吨，而2018年全球二氧化碳排放量增加1.7%，增至331亿吨[2]，考虑到目前仍有很多新兴经济体国家依然需要依靠煤炭产能，而且部分工业化国家减排力度不够，因此就整体而言，针对全球碳排放的共同努力仍不能松懈。

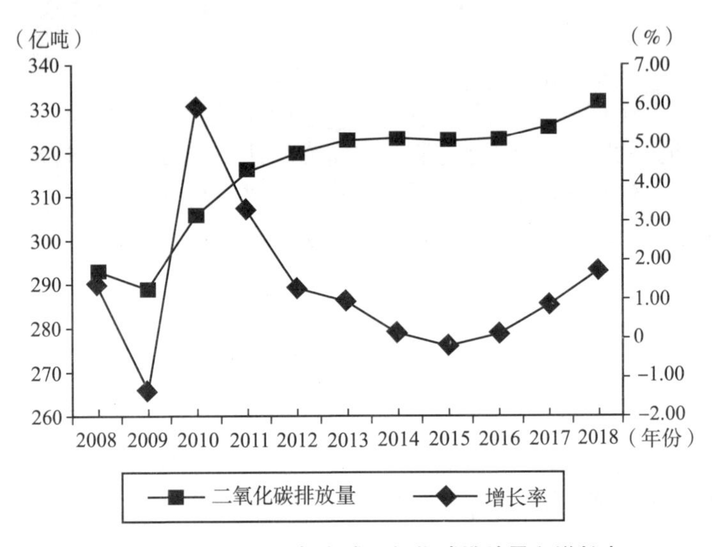

图1.1　2008～2018年全球二氧化碳排放量和增长率

资料来源：IEA：*Global Energy & CO_2 Status Report*：*The latest trends in energy and emissions in* 2018，IEA Publication，2018.

1.1.2　国际合作

在国际上，自1979年瑞士日内瓦召开的第一次世界气候大会起，因二氧化碳的排放所引起的气候变化第一次作为一个受到国际社会关注的问题被提上议事日程，此后为了应对气候变化可能带来的不利影响，国际社会对气候变化问题给予了越来越多的关注和努力，国际间的气候会议召开也变得越来越频繁。1992年联合国环境与发展大会在巴西里约热内卢召开，《联合国气候变化框架公约》正式开放签字，这成为世界上第一个为控制温室气体排放、应对全球变暖而起草的国际公约，中国是该公约最早的10个缔约方之一。1997年，在日本京都举行的《联合国气候变化框架公约》第三次缔约方大会上，《京都议定书》出炉，其中规定了2008～2012年全球减少排放温室气体的具体目标，提出了发达国家减少温室气体排放的量化指标，并于2005年2月16日正式生效。2015年12月，全球195个国家的代表在巴黎就气候变化议题达成一致，各国签署了就减少碳排放和限制全球变暖的协议草案，其中涉及的内容包括阻止气候变暖的长期措施以及对发展中国家金融援助等内容。2016年11月4日，巴黎协定正式生效[3]。

国际间关于气候变暖议题的大事件见表1.1。

表1.1 国际间关于气候变暖议题的大事件表

时间	内容
1979年	第一次世界气候大会：气候变化第一次作为一个受到国际社会关注的问题提上议事日程
1988年	联合国政府间气候变化专门委员会（IPCC）
1992年	联合国环境与发展大会：《联合国气候变化框架公约》
1997年	《京都议定书》通过
2005年	《京都议定书》正式生效
2015年	《巴黎协定》通过
2016年	《巴黎协定》正式生效

资料来源：晓雅：《气候、环境、能源大会，见证世界加速进入信息社会》，载《人民邮电》2016年6月8日。

1.1.3 中国政府的努力

自温室效应问题成为国际社会的热点问题时起，中国便以负责任的大国形象对减排问题作出承诺，此后我国在包括减缓气候变化、适应气候变化、低碳发展试点与示范、能力建设、全社会广泛参与、国际交流与合作、积极推进应对气候变化多边进程等方面付出了很大努力并取得了一定的成就。当前，中国已成为全球规模最大、工业化发展速度最快的新兴经济体，现代化建设取得了巨大成就。然而，在实现快速发展过程中，也付出了非常沉重的环境和生态代价，特别是大气污染治理的形势越来越严峻，治理难度越来越大。自2006年以来，中国就取代了美国成为全球二氧化碳排放量最多的国家，二氧化碳排放量高达全球总量的30%左右。全球五大二氧化碳排放国2000～2018年燃料二氧化碳排放量[4]如图1.2所示。2011年，中国工业部门消耗能量占能源消费总量的比重约为70%，煤炭在能源结构中占比已接近七成。由世界自然基金会和中国科学院等机构联合编写的《中国生态足迹报告2012》表明，自20世纪70年代以来，中国因为经济快速增长，工业化日益增长的资源能源需求导致其消耗已经大大超过了其自身生态系统所能提供的供给，碳足迹占中国生态足迹的54%，中国正经历着有史以来最大的生态赤字。因此，中国必须彻底改变过去“高投入、高消耗、高排放、低效率”的经济发展模式，中国政府深刻认识到这一点，于2014年9月国家发改委、环保部和国家能源局联合发布《煤电节能减排升级与改造行动计划（2014～2020年）》，其中提到在2020年，煤炭占一次能源消费的比重需下降到62%以内，电煤占煤炭消费比重需提高至60%以上。而2015年中国煤炭发电量占全国发电总量的比例低于70%，中国的二氧化碳排放量降低1.5%，可见我国减排成果显著。

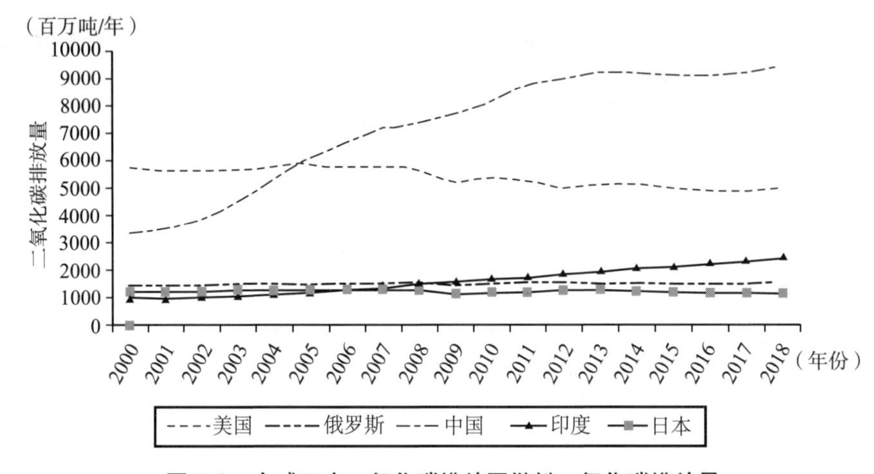

图1.2　全球五大二氧化碳排放国燃料二氧化碳排放量

数据来源：IEA，CO_2 Emissions from Fuel Combustion（2018 Edition），IEA Publication，2018.

1.1.4　二氧化碳捕集、利用和封存技术

在节能减排大背景的影响下，全球各国都寻求方法迅速改善二氧化碳排放量过多的问题，但是如果立即实行大规模减排或者实行强制减排，将可能会导致排放二氧化碳的能源价格剧烈波动，扰乱经济市场，剧烈影响全球经济发展，正是在既需要满足要求减少二氧化碳排放的目标，又要满足能源安全少波动的情况下，CCUS技术悄然兴起，逐渐成了各国用来应对温室效应的有效的方法。所谓CCUS就是指将二氧化碳从工业生产或能源转化的过程中分离出来，并输送到特定地点加以利用或封存，使之与大气长期隔绝，包括二氧化碳的捕集、运输、利用与封存等过程[5]。CCUS技术捕集阶段简略流程图[6]如图1.3所示。CCUS项目作为应对气候变化的大型复杂项目，包括二氧化碳的捕集、运输、利用、封存等多个环节，涉及电力、管道运输、矿产普查与勘探、地下工程、石油工程等多个领域，内容结构极其复杂。随着CCUS技术可行性得到证实，越来越多的人积

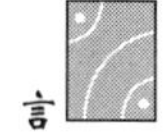

极参与 CCUS 技术的研究、推广以及优化的行列中来，使得 CCUS 项目以强劲的步伐持续加大。根据国际能源机构 IEA《2019 世界能源展望》可知，到 2050 年，碳捕集、利用和封存（CCUS）在累计减排量中所占比例为 9%；2019 ~ 2050 年，二氧化碳捕集和永久封存年平均量为 15 亿吨；2050 年二氧化碳捕集和永久封存量将达到每年 28 亿吨[7]。

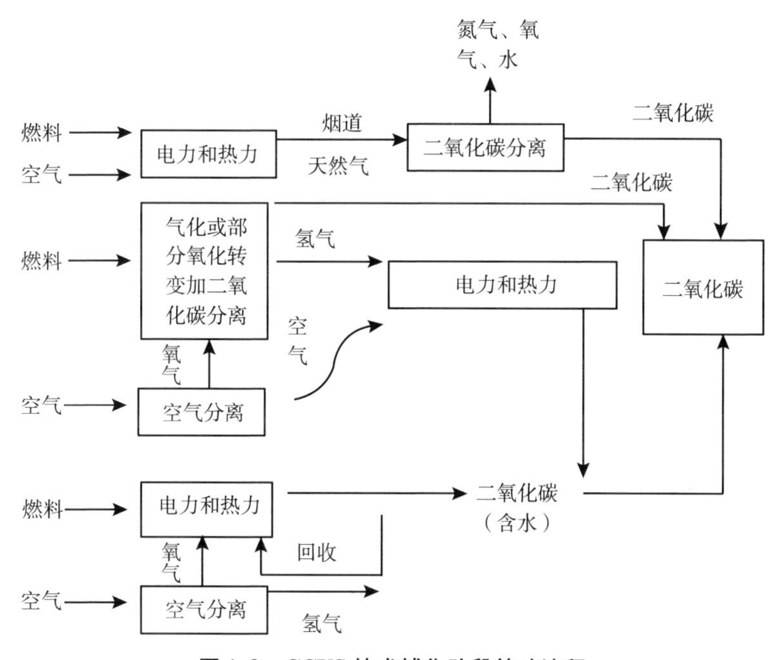

图 1.3　CCUS 技术捕集阶段简略流程

资料来源：王亮方：《中国碳捕获与封存（CCS）产业化发展研究》，湖南大学，2013 年。

1.1.5　世界上的 CCUS 项目现状

世界上有很多的 CCUS 项目正在运行中，其中较早开展、较有代表性的包括以下几个二氧化碳捕集和封存（carbon dioxide capture and storage，CCS）（CCS 是国际上通行的二氧化碳捕集与封存的界定方式，目前我国提倡的 CCUS 技术中还包含一个“利用”的过程）项目：由挪威国家石油公司在北海开展的斯莱普内尔（Sleipner）天然气田 CCS 项目，由挪威国家石油公司、英国 BP 公司和阿尔及利亚国家石油公司合资的因萨拉赫（InSalah）项目以及加拿大的韦本（Weybum）项目[8]。

根据全球碳捕集与封存研究院的《碳捕集与封存全球现状 2019》（*The Global Status of CCS report* 2019）可知，2019 年，51 个大型规模的 CCUS 设施正在运营或在建设中[7]。所谓大型规模的 CCUS 项目包括捕集、运输、利用和封存四个子系统，对于一个煤电厂来说，每年的封存量不低于 800000 吨，对于其他类型的工业厂来说，每年的封存量不低于 400000 吨。在 51 个大型规模 CCUS 设施中，18 座处于早期开发阶段，10 座进入高级开发阶段，4 座处于在建阶段，19 座进入运行阶段[7]。2017 年以来，CCS 产业迅速发展。目前正在运行的大规模 CCUS 设施数量是 2010 年的 4 倍[7]。正在运行和在建 CCUS 项目年二氧化碳捕集和永久封存能力达到 4000 万吨。在未来 12～18 个月内，这些 CCUS 项目二氧化碳捕集和永久封存能力还会上升约 100 万吨。此外，全世界还有 39 个试点和示范 CCUS 项目处于运行中或即将试运行，另外还有 9 个 CCS 技术测试中心[7]。2019 年进入高级开发阶段的 CCUS 设施主要包括阿布扎比阶段 2 天然气处理厂、瓦巴什（Wabash）二氧化碳固存项目、坦途（Tundra）项目、德瑞福克（Dry Fork）综合商业 CCS、碳安全伊利诺伊（Carbon SAFE Illinois）枢纽——梅肯县（Macon County）、一体式中部大陆堆叠式碳封存枢纽（Integrated mid-continent stacked carbon storage hub）等[6]。

1.2 研究意义

1.2.1 应对气候变化，解决环境问题

环境问题是目前国际上最为关注的话题之一，然而大多数人对环境问题的现状以及严峻程度只有一个定性的认识，而缺乏真正定量的认知。全球气候变暖问题近年来一直困扰着世界各国，但由于大多数人对低碳的意义并没有一个非常明确的认识，导致人们的环境保护意识依然比较淡薄，政府颁布的环保低碳命令也很难得到无障碍的接受和顺利的推行。于是，我们的研究首先定量化了全球气候变暖、温室气体排放量增多等问题，致力于对国际环境现状有一个清楚科学的认识。在认识到环境问题的紧迫性后，这也进一步强化了我们研究 CCUS 技术和推行的必要性，也为后续深入研究奠定了基础。

1.2.2 推进 CCUS 技术在中国的发展

在当前倡行绿色低碳的全球大背景下，碳捕集、利用与封存技术（CCUS 技术）凭借其“从源头上控制二氧化碳排放”的特点走到了世界低碳科技领域的

前沿。CCUS技术和项目已成为国际上公认的目前最有效的减排手段，美国、加拿大、挪威等国家在CCUS技术研究方面都有不俗的进展。中国国内的CCUS项目也处于兴起阶段，神华集团、华能集团等都有正在开展的示范项目，在解决温室效应等类似气候问题的背景下，发展CCUS项目无疑有着重大意义，特别是在清洁发展机制（clean development mechanism，CDM）逐渐发展的今天，CCUS项目对于我国来说不仅有着节能减排的生态意义，更有通过碳排放交易来获取利润的长远经济意义。正是由于CCUS技术的推广仍然处于发展的初级阶段，世界各国都未形成一套完美的行之有效的运行模式，而中国更是在这一领域的发展中处于相对落后的地位，所以拉动投资CCUS、推进CCUS技术势在必行。

1.2.3 分析CCUS技术发展制约和融资激励机制

CCUS项目的发展目前存在着最大的一个问题和障碍——发展过程中的融资支持不足，融资来源渠道单一，仅靠政府的扶持和补贴很难实现长远的发展和进一步的普及。CCUS项目虽已成为各国政府竞相扶持的项目，但其发展过程中伴随的风险与高额成本是不容忽视的。在这些条件的约束下，CCUS项目在2020年前可能都将处于研发和示范阶段。由于CCUS项目的开展需要大量的资金注入，目前的CCUS项目资金来源多为政府的补贴，但是政府支持力度有限，而私人领域的投资往往不能在短期内得到回报，又考虑到CCUS项目高昂的成本以及技术的不确定性，企业不愿意独自承担投入CCUS研发和示范的风险，这意味着CCUS项目的投融资实现非常困难。从而使得CCUS项目难以得到迅速和大规模的应用及推广，由于投融资机制在很大程度上与政策法规直接相关，所以缺少有效的投融资机制和政策激励成为企业开展CCUS研究和示范项目的重要障碍。从另一角度来看，具有极强绿色低碳发展效应的CCUS技术让众多企业望而却步的原因主要在于，该技术在二氧化碳的捕集、运输、封存等环节（目前我国提倡的CCUS技术中还包含一个“利用”的过程）都需要投入高成本来引入设备、铺设管道，而这些无疑是一家单独的企业无法承受的代价，所以就必然要吸引市场上持有大量资金的来自各个领域体系的投资人对该项目进行投资“支援”。然而，由于目前采用CCUS技术后企业所获得的收益仍然具有诸多不确定性，无法得到保证，投资者们也只能暂时持观望态度而不敢轻举妄动。

1.2.4 研究CCUS项目封存场地选择方法

在CCUS的各项环节中，二氧化碳的地质封存是十分重要的，它是减少二氧

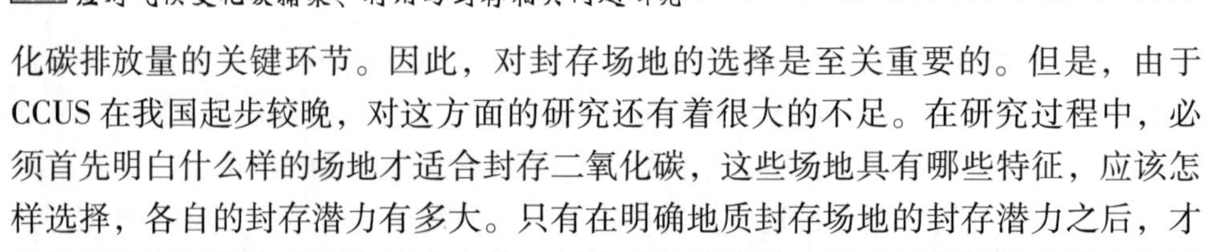

化碳排放量的关键环节。因此，对封存场地的选择是至关重要的。但是，由于 CCUS 在我国起步较晚，对这方面的研究还有着很大的不足。在研究过程中，必须首先明白什么样的场地才适合封存二氧化碳，这些场地具有哪些特征，应该怎样选择，各自的封存潜力有多大。只有在明确地质封存场地的封存潜力之后，才能计算出通过该方式能有效减少的二氧化碳的排放量。而对封存场地的潜力和适宜性评估则能帮助我们在诸多备选方案中，筛选出最安全、最有效的场地。在现实中，影响场地适宜性与封存潜力的因素错综复杂，因此必须建立有效的理论模型来规范筛选程序，保证 CCUS 项目的顺利开展。

1.2.5 研究 CCUS 项目风险管理和风险评价体系

我国 CCUS 研究尚处于起步阶段，有关 CCUS 项目安全风险及可靠性评价方面的研究较少，缺乏系统的 CCUS 项目风险管理框架。二氧化碳在正常情况下是无色、无臭的气体，不易被人类察觉，密度比空气大[9]。虽然二氧化碳是无毒的，但它仍有造成重大事故的可能性。1986 年在喀麦隆的尼奥斯（Nyos）火山口湖发生了大规模二氧化碳天然气体喷发事故，同年在美国加州猛犸象（Mammoth）山地下岩层中也发生了天然二氧化碳泄漏事件[10]，说明高浓度二氧化碳气体具有很大的危害性。因此，对 CCUS 项目进行风险分析与评价研究具有重要的理论和现实意义。有助于发现大型复杂项目特别是 CCUS 项目在实施过程中的主要故障模式和风险因素，降低项目大规模实施风险。最后，结合国内实际情况，对 CCUS 项目进行风险分析评价，找出系统的主要风险因素和故障模式，有助于我国选择合适的 CCUS 实施技术路线，降低 CCUS 项目大规模实施的风险，促进 CCUS 项目在我国的健康发展。

1.3 研究内容

1.3.1 研究目标

1.3.1.1 探索 CCUS 项目投资激励机制

通过“理论定性分析”与“模型定量研究”等方法探究出“激励”投资人进行 CCUS 项目投资的重要策略，从而从实际上解决目前 CCUS 技术在我国企业

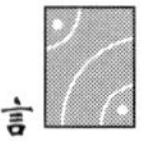

中的推广问题，也为其未来的扩大发展奠定了更为坚定的基础。

1.3.1.2 探究 CCUS 项目地质封存选址技术方法

通过分析二氧化碳地质封存选址应遵循的主要原则和选址标准，分析地质封存场地的主要特征，分析 CCUS 项目地质封存选址技术方法。

1.3.1.3 探索 CCUS 项目风险管理和安全风险评价的有效方法

本书研究拟构建一套适合 CCUS 项目的风险综合管理流程，为今后企业 CCUS 项目的风险识别、评价、控制和预测打下基础。

1.3.2 研究内容

本书研究的内容可分为八大部分：CCUS 提出的背景和意义、CCUS 技术简介、CCUS 国内外研究现状、CCUS 在中国的发展现状、CCUS 项目投资激励机制、CCUS 封存场地选择、CCUS 项目风险管理、CCUS 在中国面临的机遇与挑战以及对中国 CCUS 技术发展的建议。具体地，涉及以下内容。

首先，本书从 CCUS 提出的背景出发，分析促使 CCUS 技术发展和项目开展的环境问题、国际合作以及中国政府在应对气候变化中所作出的努力，得出 CCUS 发展的必要性，即本书研究的意义。同时简要介绍了研究的目标、研究方法和技术路线。

随后简要介绍了 CCUS 技术，包括二氧化碳捕集技术、运输技术、利用技术和封存技术，以此作为后续研究的技术支撑。在介绍二氧化碳捕集技术时，主要从捕集与分离两个方面阐述；关于运输技术，主要是输送时的二氧化碳状态和运输方式；对于二氧化碳利用技术的介绍，主要是针对将其应用于石油和煤层气开采、化工和生物利用以及矿化固定；在介绍二氧化碳封存技术时，主要是针对利用不同介质的封存技术，包括地质封存、海洋封存和化学封存。

接下来对 CCUS 的理论研究进行了综述，分别从 CCUS 系统（技术）、经济可行性分析、投资激励机制、安全性及可靠性评价、封存场地选择及潜力评估、法律及政策研究、公众态度评价研究等各个不同的角度介绍国内外 CCUS 研究现状，为本书研究奠定坚实的理论基础。之后深入分析 CCUS 的国内发展现状，简要介绍了中国政府对 CCUS 的政策支持和资助情况、已有的 CCUS 项目试点与示范项目以及国内的公众认知度现状等内容。

在 CCUS 项目的投资激励机制研究部分，首先对 CCUS 项目投资进行了成本和收益分析；其次分析了与 CCUS 密切相关的碳交易市场在国内外的发展状况，总结其对 CCUS 技术发展的影响。最后介绍了 CCUS 项目投资理论，在此基础上建立了 CCUS 投资激励模型，结合中国电价机制，综合考虑清洁电价、上网电价、碳税、政府补贴、碳排放权交易，运用实物期权模型求解在多重不确定因素下 CCUS 的投资临界碳价，并结合国际碳价与 CCUS 项目数据进行数值计算与分析。

在此基础上，本书针对如何进行 CCUS 封存场地选择这一问题，建立了 CCUS 选址的一般流程及主要标准，阐述了适合进行二氧化碳地质封存的场地的特征。然后简述了如何进行二氧化碳封存场地的潜力和适宜性评估，并建立了基于模糊证据理论的 CCUS 封存场地选择模型。

针对 CCUS 项目的风险，本书首先概述了传统的项目风险管理流程和风险识别与评价方法。然后详细阐述了 CCUS 项目在捕集、运输和地质封存等各个环节的风险管理与评价，并采用具体的案例对风险评价方法进行分析。

最后，在之前所有的分析成果的基础上，总结了 CCUS 在我国发展所面临的机遇与挑战，并对今后 CCUS 在中国的发展提出相关意见。

1.4 研究方法及技术路线

1.4.1 研究方法

本书整体上采用了文献研究法对 CCUS 相关领域国内外研究现状进行了分析，在此基础上基于比较分析法、深度访谈法、问卷调查法、实物期权模型分析法构建 CCUS 项目投资激励模型，采用证据理论方法、故障树分析法和系统分析法等研究方法对 CCUS 项目封存场地选择、CCUS 项目风险管理等问题进行了深入分析。

1.4.1.1 文献研究法

因为 CCUS 在我国尚属于发展初期，所以我们在研究的初步阶段，仔细研读了关于国内外 CCUS 投融资模式、商业运行机制、实物期权定价模型、CCUS 封存场地选择、CCUS 项目安全风险评价等方面的文献。总结已有研究的进展和结论，并在此基础上指出需要进一步研究的问题，以明确本书的研究方向。

1.4.1.2 比较分析法

比较分析是一种有效的用以找出研究对象的核心特点，明确重点研究方向的常用研究方法，尤其是在相关理论体系尚不完善、未知信息较多的领域，这种方法尤为有效。因此，本书中我们使用了横向比较法和纵向比较法对 CCUS 项目投资激励机制进行了分析。通过对我国 CCUS 项目的投资方式进行纵向比较，得出政府、银行、大型企业是 CCUS 项目投资的三大主体，大型国企的投资是 CCUS 从初期走向战略期的关键推力。在横向比较方面，将我国与国外按项目阶段划分的大型规模 CCUS 项目数进行比较。在碳交易排放权价格、碳税、投资补贴、清洁电价等指标上进行比较分析，在差距中总结投资激励方式。

1.4.1.3 深度访谈法

深度访谈法是一种无结构的、直接的、个人的访问，用于获取对问题的理解和深层了解的探索性研究。此方法要求调查者对被调查者进行访问，在访问中通过有目的的谈话搜集资料。为了使获得的结论更加客观，本书研究的研究者三次前往“全球碳捕集与封存研究院北京代表处”采访不同的专家以了解其对于我国 CCUS 投资的看法。

1.4.1.4 问卷调查法

问卷调查法要求调查者运用统一设计的问卷向被调查者了解情况并征询意见。考虑到 CCUS 这类大型投资项目势必会对社会公众产生广泛而重大的影响，同样地，民众对 CCUS 的态度也会影响 CCUS 大规模推广的进度，因此本书研究采用问卷调查法，调查社会大众对 CCUS 的现状和未来发展的了解程度以及对 CCUS 投资意愿的真实想法。

1.4.1.5 模型分析法

模型分析法是本书研究 CCUS 投资激励机制最核心也是最复杂的研究方法。将实物期权模型作为模型建立的依据，引入碳交易价格、清洁电价、技术进步、政府补贴等因素，为了使模型更加贴合现实，本书研究创新性地加入清洁电价和碳税补贴。假设国际碳交易价格服从带漂移的布朗运动，建立随机微分方程计算实物期权价值，满足价值匹配和平滑粘贴条件时能够求出企业进行 CCUS 投资所需的临界碳价。随后进行稳健性检验，改变碳价波动率、碳税税率和清洁电价等多个变量，检测临界碳价的变化。

1.4.1.6 证据理论方法

证据理论方法是一种不确定性推理方法，该理论方法允许把整个问题和证据分解为若干个子问题、子证据，在对子问题、子证据作出相应的处理后，利用 Dempster 合成法则，可以得到对整个问题的分析结果，所以证据理论也是一种多源信息融合理论。

1.4.1.7 故障树分析法

故障树分析法是一种基于布尔代数和概率论的图形演绎方法。通过建立表示事故事件发生原因及其逻辑关系的逻辑树图，用逻辑关系“与”“或”等建立事件之间的因果关系，分析导致此事件发生的最基本原因及其概率，既适用于定性分析，又能进行定量计算，被广泛应用于复杂系统的可靠性和安全风险评价中。

1.4.1.8 系统分析法

CCUS 是一个复杂的系统工程，在研究问题时从整体考虑，把与问题相关的所有因素综合起来。首先研究组成系统各部分的本质，其次研究各部分之间的关系及整个系统的目标，着眼于 CCUS 实施方案的整体与部分、整体与环境的相互联系和相互作用的关系上。通过进行 CCUS 项目安全风险识别，明确风险因素之间的因果关系。在此基础上，通过建立风险因素间的相关数学方程式，运用模糊集和证据理论相结合的方法来建立项目安全风险分析与评价模型，来模拟复杂的项目风险系统。同时 CCUS 是一个复杂的系统工程，涉及数学、地质学、物理学等基础学科和能源经济学、矿产普查与勘探、石油工程等应用学科。因此，本书研究采用多学科理论相结合的方法，积极将各相关学科的前沿理论应用到大型 CCUS 项目风险分析与评价中。

1.4.2 技术路线图

本书的技术路线如图 1.4 所示。首先通过在第 1 章介绍本书的研究背景，指出发展 CCUS 技术的现实意义，引出本书的研究内容，并介绍研究方法。之后简要介绍与 CCUS 相关的各项技术（第 2 章），再根据国内外 CCUS 的研究现状（第 3 章）以及 CCUS 在中国的发展现状（第 4 章），总结出目前 CCUS 技术发展所面临的阻碍。然后以此为根据，分别对 CCUS 项目的投资激励机制（第 5 章）、封存场地选择（第 6 章）以及风险管理（第 7 章）三个方面展开论述。最后根据以上研究，总结 CCUS 技术在中国所面临的机遇与挑战（第 8 章），并对其今后的发展提出建议。

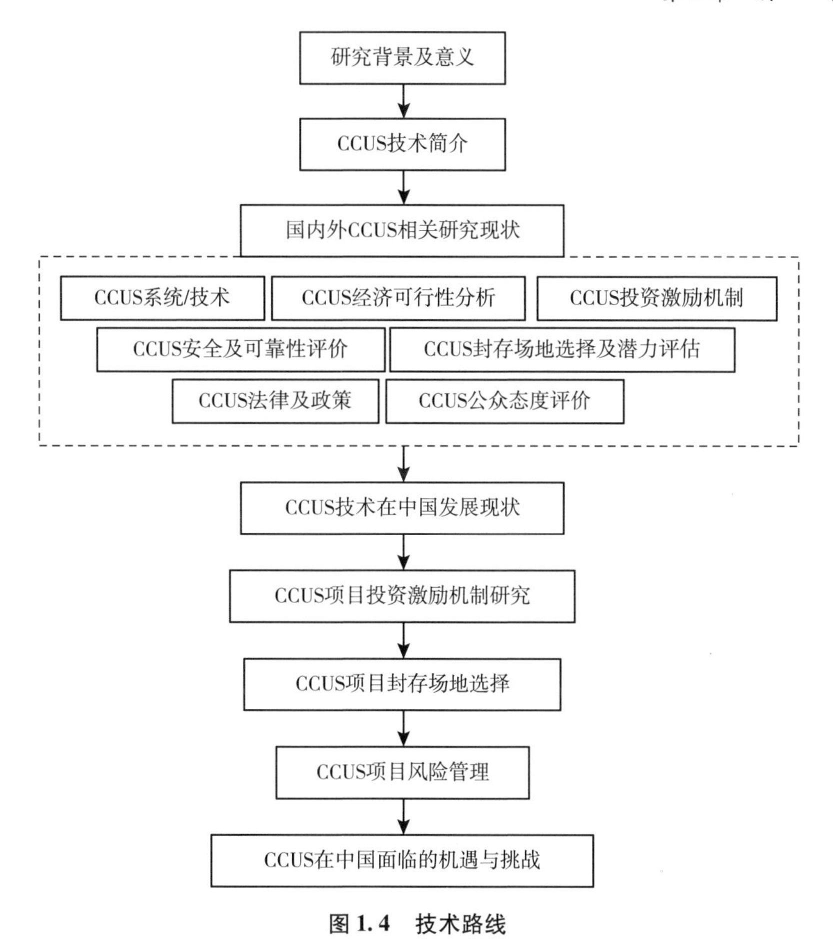

图 1.4 技术路线

1.5 本书结构安排

本书的主要内容共分为 8 章。

第 1 章 引言。该章主要介绍了本书的研究背景、研究意义、研究内容、研究方法及技术路线，并介绍了本书的结构安排。

第 2 章 CCUS 技术简介。该章主要介绍了二氧化碳捕集、输送、利用、封存技术。简要介绍了燃烧后捕集、燃烧前捕集和富氧燃烧捕集等二氧化碳捕集技术；吸收法、膜分离法、吸附法、低温分离法等二氧化碳分离技术；二氧化碳输送状态及管道、轮船和罐装输送方式；二氧化碳开采石油、二氧化碳开采煤层气、二氧化碳化工和生物利用、二氧化碳矿化固定等二氧化碳利用技术；二氧化碳地质封存、二氧化碳海洋封存、二氧化碳化学封存等二氧化碳封存技术。

第3章 国内外 CCUS 相关研究现状。该章对国内外 CCUS 系统/技术、CCUS 经济可行性分析、CCUS 投资激励机制、CCUS 安全及可靠性评价、CCUS 封存场地选择及潜力评估、CCUS 法律及政策研究现状、CCUS 公众态度评价研究现状进行了综述，为后续研究奠定基础。

第4章 CCUS 技术在中国发展现状。该章介绍了 CCUS 技术在中国的发现现状。首先简要介绍了“十一五”“十二五”期间中国政府制定的与 CCUS 相关的政策以及中国政府对 CCUS 相关研究的资助。其次介绍了已投运的全流程 CCUS 试点与示范项目、CCUS 捕集技术研发与试点项目、CCUS 技术在中国的发展前景与局限。最后介绍了 CCUS 在中国的认知度现状。

第5章 CCUS 项目投资激励机制研究。该章首先对 CCUS 项目投资成本和收益进行了分析；其次对中外碳交易市场发展现状进行了分析，在此基础上介绍了 CCUS 投资基础理论，为后续研究提供知识准备和理论指导；最后通过构建实物期权模型对 CCUS 项目投资激励机制进行了分析。

第6章 CCUS 项目封存场地选择。该章首先介绍了二氧化碳地质封存场地筛选原则、二氧化碳地质封存选址的一般流程、二氧化碳地质封存选址的主要标准；其次介绍了地质封存场地——深部咸水层、油气藏、不可开采煤层的主要特征；再其次介绍了封存场地潜力和适宜性评估理论；最后介绍了基于模糊集和证据理论的二氧化碳地质封存场地选择模型。

第7章 CCUS 项目风险管理。该章在对传统风险管理方法、CCUS 项目风险管理过程分析基础上，对 CCUS 捕集风险、CCUS 管道输送风险、地质封存安全风险进行了分析。

第8章 CCUS 在中国面临的机遇与挑战。对中国 CCUS 技术发展提出建议。

本章小结

本章主要介绍了本书的研究背景以及开展 CCUS 技术研究的现实意义，并对研究内容与研究方法进行了详细的阐述。此外，本章简要介绍了各个章节的结构安排，对全书进行了整体性的概括。

第 2 章

CCUS 技术简介

2.1 捕 集 技 术

全球气候变暖已严重威胁到人类的生存，对社会进步和经济发展也有着巨大的负面影响。二氧化碳减排已成为影响人类生存的重要问题，应受到人类社会的高度重视。本节介绍了燃烧后捕集、燃烧前捕集和富氧燃烧捕集等二氧化碳捕集技术，简述了吸收法、膜分离法、吸附法、低温分离法等二氧化碳分离技术，为二氧化碳捕集提供技术依据。

2.1.1 二氧化碳捕集技术

2.1.1.1 燃烧后捕集

燃烧后捕集是一种比较成熟的二氧化碳捕集技术。燃烧后捕集是指从化石燃料和空气中的有机物燃烧后的烟气中捕集二氧化碳，烟气通过专用设备后分离出二氧化碳，而不是直接排放到空气中，分离出的二氧化碳被存储起来，而剩余的烟气再排放至空气中[11]。制约燃烧后捕集技术商业化应用的主要因素是其高能耗和高成本[12]。化学吸收法由于其低能耗、低成本和高效率的特征，是目前广泛采用的燃烧后捕集方法[11]。

2.1.1.2 燃烧前捕集

燃烧前捕集是一种具有较大降低能耗潜力的捕集技术。在燃烧前捕集过程中，燃料（一般为煤或天然气）在燃烧前进行预处理。对于煤，预处理涉及在低氧气水平下于一个汽化炉中进行汽化过程形成合成气，合成气主要由一氧化碳和氢气组成，并且游离于其他的污染气体[13]。然后该合成气将经过蒸汽转化反应形成更多的氢气，而一氧化碳气体将被转换成二氧化碳。燃烧前捕集适用于使用煤作为燃料的煤气化联合发电厂（IGCC）。制约燃烧前捕集技术的主要瓶颈是其系统复杂，一些关键技术尚未成熟[12]。

2.1.1.3 富氧燃烧捕集

富氧燃烧捕集是一种结合燃烧前和燃烧后的捕集技术。在富氧燃烧过程中，用高纯度氧气代替空气进行燃烧，燃烧的主要气体是二氧化碳、水蒸气、粒子和二氧化硫。粒子和二氧化硫可以通过常规的静电除尘器和烟气脱硫方法去除。剩余包含高浓度二氧化碳的气体将被压缩、运输和封存。富氧燃烧捕集的不足之处在于成本高，制氧能耗较高，同时燃烧气体中高浓度的二氧化硫有可能加重系统的腐蚀。

2.1.2 二氧化碳分离技术

现有电厂、炼厂等所用的烟气中二氧化碳分离技术主要有吸收法、膜分离法、吸附法和低温分离法。

吸收法可以分为化学吸收法和物理吸收法。化学吸收法利用二氧化碳酸性气体的性质，让烟气在吸收塔中接触化学溶剂从而吸收二氧化碳，吸收器温度通常在40℃～60℃，在整个过程的第二阶段，通过调整温度和压力，温度升高至100℃～140℃，压力降低至低于大气压，将二氧化碳释放出来，以达到脱除二氧化碳的目的[11]。在化学吸收过程中最常使用的化学吸收剂为含有烷基醇胺的复合溶液。物理吸收法是以有机化合物作为溶剂，不经过化学反应就将二氧化碳溶解于溶剂内，然后在低压高温环境下再将溶剂中的二氧化碳释放出来的一种方法。目前常用的物理吸收法包括 Flour 法、Selexol 法和低温甲醇法[14]。

膜是一种允许气体选择性地渗透通过的特殊材料。膜分离法是根据一定条件下膜对不同气体的相对渗透率的不同，从而将二氧化碳和其他气体分离开[14][15]。在二氧化碳捕集过程中常用的膜材料有高分子膜、无机膜、混合膜和其他过滤膜。

吸附法是根据吸附剂在一定条件下对二氧化碳和甲烷（CH_4）的选择性吸附能力的不同，通过减压或升温的方式将二氧化碳脱除，从而达到分离二氧化碳的目的[14][15]。

二氧化碳低温分离法是根据冷却和冷凝的分离原理，基于混合气体中不同组

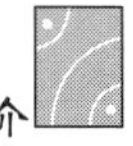

分具有不同的气化和液化特性将气体分离出去[14][15]。这种方法适用于二氧化碳含量大于90%的气体二氧化碳的捕集。

几种二氧化碳分离方法的比较结果如表 2.1 所示。

表 2.1　　几种二氧化碳分离方法的比较

分类	适用性	主要特点
化学吸收法	适用于小规模的化学工业	需要加热吸收液、很高的循环速度和大量的吸收塔，因而投资大、能耗低
物理吸收法	适用于二氧化碳分压和总压较高的原料气脱碳	大部分吸收容量大；溶剂再生
膜分离法	适用于二氧化碳的粗分离	投资少、能耗低、易于操作
吸附法	适用于化工行业	二氧化碳分离效率较低、吸附剂用量大
CO_2 低温分离法	适用于分离提纯二氧化碳含量大于90%的气体二氧化碳的捕集	设备投资大、成本高、工艺复杂

资料来源：1. 徐文佳、王万福、王文思：《二氧化碳捕集研究进展及对策建议》，载《绿色科技》2013 年第 1 期；2. 李兰廷、解强：《温室气体 CO_2 的分离技术》，载《低温与特气》2005 年第 4 期。

2.2　二氧化碳运输技术

本节主要介绍二氧化碳输送状态、二氧化碳输送方式以及国内外二氧化碳管道输送现状。

2.2.1　二氧化碳输送状态

运输是 CCUS 系统连接捕集和封存的一个环节。纯净的二氧化碳是无色、无味、无毒、不可燃的物质[16]。二氧化碳可以在三种状态下进行输送：气态、超临界状态和液态。

2.2.2　二氧化碳的输送方式

商业规模的二氧化碳输送可以使用管道、船舶和罐车来输送，二氧化碳的输送方式的适用性和一般特点如表 2.2 所示[17]。

表 2.2 二氧化碳的输送方式

输送方式	适用性	一般特点
罐车输送	小容量、中短距离的运输	运输相对灵活
轮船输送	大容量、超远距离的运输	靠近海洋或江河的运输
管道输送	大容量、长距离的运输	负荷稳定的定向输送

资料来源：中石化石油工程设计有限公司：《胜利燃煤电厂百万吨 CO_2 输送管道技术进展与运行挑战》，碳捕集、利用与封存（CCUS）全流程示范项目预可研研讨会会议论文，2014 年 7 月。

2.2.2.1 管道输送

管道输送是二氧化碳最安全和经济的运输方式。二氧化碳气体在接近大气压的状态下被输送需要占据非常大的体积，如果被压缩将会占据比较小的空间，可以通过管道来输送。气体体积可以通过液化、凝固或水合来减少。与其他输送方式相比，凝固需要更多的能量，因而从成本和能源的角度来考虑，都处于劣势。不同形态二氧化碳的管道输送方式的特点如表 2.3 所示[18]。

表 2.3 二氧化碳管道输送方式

输送方式	特点
气态输送	1. 较低的运行压力，有较高的操作安全性； 2. 管道不需要保温，对不同输送量适应性强，管径大，投资高； 3. 适用于短距离、小输送量的长输管道，介质来源属于气相的工况，与超临界输送相比更适合于人口密集区域
一般液体输送	1. 较低的运行压力，但需要保冷管道，投资费用较高 2. 适用于短距离、小输送量的油田内部集输管道，介质来源属于液相的工况
超临界输送	1. 较高的运行压力，投资费用较低，管道不需要保温，对不同输送量适应性强； 2. 适用于长距离、大输送量的长输管道，介质压力较高； 3. 国外已建管道较常采用的管道输送方式，且管道沿线人口密集度较低

资料来源：陈霖：《中石化二氧化碳管道输送技术及实践》，载《石油工程建设》2016 年第 4 期。

2.2.2.2 轮船运输

采用轮船运输二氧化碳与通过液化的方式后采用轮船来运输液化石油气（LPG）和液化天然气（LNG）有很大的相似性，这些运输技术都已经是比较成熟的技术，因此，可以利用这一技术来输送液态二氧化碳。

2.2.2.3 罐装输送

罐装运输的主要方式是通过铁路或公路进行运输，其特点是适合小量的短途

运输，不足之处是大规模使用不具有经济性。

2.2.3 国内外二氧化碳管道输送发展现状

2.2.3.1 国外发展现状

国外已有40年以上的商业化二氧化碳管道输送实践历程。美国正在运营的干线管网长度超过5000千米，用以输送天然来源二氧化碳以提高一些地区项目的石油采收率[17]。英国、加拿大、丹麦、土耳其、巴西等国家也相继开展了二氧化碳地下存储及提高原油采收率的研究与应用。总体而言，目前在全球范围内利用管道输送密相（液相或超临界相）二氧化碳来实现CCUS的经验仍非常有限。

2.2.3.2 国内发展现状

目前，我国二氧化碳的输送以陆路低温储罐运输为主，尚无商业运营的二氧化碳输送管道[17]。与国外相比，主要技术差距在二氧化碳源汇匹配的管网规划与优化设计技术、大排量压缩机等管道输送关键设备、安全控制与监测技术等方面。

2.3 二氧化碳利用技术

二氧化碳利用涉及石油开采、煤层气开采、化工和生物利用等工程技术领域。

2.3.1 利用二氧化碳开采石油

在利用二氧化碳开采石油方面，国外已有60年以上的研究与商业应用经验，技术接近成熟。我国利用二氧化碳开采石油技术处于工业扩大试验阶段。与国外相比，主要技术差距在油藏工程设计、技术配套、关键装备等方面[11]。

2.3.2 利用二氧化碳开采煤层气

在利用二氧化碳开采煤层气方面，国外已开展多个现场试验，我国正在进行先导试验。适合我国低渗透软煤层的成井、增注及过程监控的技术是研究重点[11]。

2.3.3 二氧化碳化工和生物利用

在二氧化碳化工和生物利用方面，日本、美国等国家在二氧化碳制备高分子材料等方面已有产业化应用。我国在二氧化碳合成能源化学品、共聚塑料、碳酸酯等方面已进入工业示范阶段。规模化、低成本转化利用是二氧化碳化工和生物利用技术的研究重点[11]。

2.3.4 二氧化碳矿化固定

在二氧化碳矿化固定方面，欧盟国家、美国等国正在研发利用含镁天然矿石矿化固定二氧化碳技术，处于工业示范阶段。我国在利用冶金废渣矿化固定二氧化碳关键技术方面已进入中试阶段。过程强化与产品高值利用、过程集成以及设备大型化是二氧化碳矿化固定技术的研究重点[11]。

2.4 二氧化碳封存技术

捕集或运输的二氧化碳可以通过以下几种方式封存或使用：地质封存、海洋封存和化学封存。

2.4.1 地质封存

二氧化碳地质封存是指将二氧化碳从工业或相关能源的集中排放源中分离出来（捕获），输送到经过选择的地点并注入地下深部适宜的地层中，通过物理、化学等作用将其安全可靠地储存于地下，且长期与大气隔绝的过程[19]。储存二氧化碳的地层被称为储层，其上部分被称为盖层。在绝大多数情况下，在深度大于800米的地下，二氧化碳将呈超临界状态，其密度为0.4~0.6g/cm^3，而非气态。把二氧化碳隔离在该深度以下，有利于充分利用地下空间。二氧化碳离开注入井以后，因其密度小于地层水，会被浮力上推直到盖层（caprock）的底部，形成气泡。在超临界二氧化碳—盖层—孔隙水交界面处存在着毛细管力。毛细管力阻止二氧化碳进入盖层[19]。只要排斥力大于二氧化碳的压力，二氧化碳就不能渗入盖层。这就是地层隔离中重要的水力学机理。这种技术已经由石油和天然气工业开发出来，并且已经证明对于石油和天然气田以及深部咸水层而言，在特

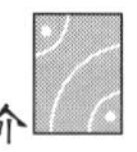

定条件下是经济可行的。经相关研究可知，三种类型的地质构造可用于二氧化碳的地质储存：石油和天然气储层、咸水层以及不可开采的煤层。在每种类型中，二氧化碳的地质封存都是将二氧化碳压缩液注入地下岩石构造中[19]。

2.4.2　海洋封存

海洋封存是指通过管道或者船舶将二氧化碳运输到海洋封存地点，再将二氧化碳储存在深海的海洋水或者深海海床上[20][21]。

但是由于高昂的海洋处置费用，并且将二氧化碳封存海底会对海洋生态系统带来较大影响，因此，海洋封存技术尚未广泛使用[20]。

又因为海洋封存技术还不够完善，对于海洋中的环境和生物而言存在较大风险，因此，该技术无法大规模广泛使用。

2.4.3　化学封存

化学封存主要是利用二氧化碳与一些物质如氧化镁和氧化钙发生化学反应，将二氧化碳转化成碳酸镁和碳酸钙（即石灰石）等稳定的碳酸盐，从而达到永久封存二氧化碳的目的[20][21]。

本章小结

本章主要介绍了 CCUS 技术的四个环节，具体包括二氧化碳的捕集与分离、运输、利用以及封存技术。针对捕集环节，主要介绍了燃烧前捕集、燃烧后捕集以及富氧燃烧捕集这三种技术。对于运输环节，主要介绍了管道运输、轮船运输和罐装运输这三种方式，并简要介绍了国内外二氧化碳管道输送的发展现状。对于利用环节，主要围绕利用二氧化碳进行石油的开采、煤气层的开采、化工和生物利用以及对二氧化碳进行矿化固定来展开介绍。最后本章还介绍了二氧化碳不同的封存或处置方式，主要包括地质封存、海洋封存和化学封存。

第3章

国内外 CCUS 相关研究现状

西方发达国家对 CCUS 的相关研究起步较早，许多国家都将 CCUS 作为本国未来能源战略的重要组成部分。国外对 CCUS 的研究起步较早，内容相对广泛。而国内研究尚处于起步阶段，总体来说，对该领域的研究主要体现在 CCUS 相关技术、经济评价、封存潜力、风险及安全性评价、公众接受度评价和法律法规等几个方面。

3.1 CCUS 系统/技术研究现状

3.1.1 国外研究现状

国际能源署通过构建应用能源技术展望模型指出对于未来全球二氧化碳减排而言，CCUS 技术具有巨大的潜在作用。针对二氧化碳捕集技术，伯恩和弗里曼（Bhown and Freeman，2011）指出燃烧前捕集主要应用于燃煤电厂，而燃烧后捕集和富氧燃烧捕集可用于燃煤和燃气发电厂。燃烧后捕集技术是目前最成熟的二氧化碳捕集技术[22]。从成本的角度来分析，吉宾斯和查尔默斯（Gibbins and Chalmers，2008）通过比较三种捕集技术在燃气和燃煤电厂的应用，指出对于燃煤电厂来说，燃烧前捕集技术成本最低，燃烧后捕集和富氧燃烧捕集技术成本相当。然而，对于燃气发电厂来说，燃烧后捕集技术比其他两种捕集技术的成本降低了50%[23]。斯文松等（Svensson et al.，2004）[24]指出管道输送是最可行的长距离大规模二氧化碳输送方式。菊池（Kikuchi，2003）评价了大规模二氧化碳回收利用的经济性和技术性，并提出了一项将二氧化碳在工业、农业和能源生产中回收并重新使用的综合计划[25]。许多学者认为地质封存是将大量二氧化碳封存的最适宜方式，并用以应对全球变暖和相应气候改变（Celia and Nordbottena，

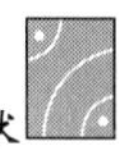

2009[26]；van der Zwaan and Smekens，2009[27]；Yang et al.，2010[28]；L. Myer，2011[29]）。道蒂等（Doughty et al.，2008）[30]认为一个典型的二氧化碳封存场地可以容纳通过物理化学变化封存的数以千万吨来计的二氧化碳。杨等（Yang et al.，2010）[28]对于将二氧化碳封存于咸水层的特性进行了综述。所罗门等（Solomon et al.，2008）[31]认为，二氧化碳地质储存的一般要求包括适当的孔隙度和厚度，储层岩石的渗透性、盖层封闭性好以及稳定的地质环境。豪斯等（House et al.，2006）[32]的研究表明，即使遇到大的地质灾害，将二氧化碳注入深度超过 3 千米的深海被视为是二氧化碳的永久封存。

3.1.2 国内研究现状

王众（2012）对中国 CCS 早期实施方案构建及评价进行了研究[33]。巢清尘和陈文颖于 2006 年详细阐述了 CCS 的概念和技术流程，通过分析该技术在环境、经济和社会等方面面临的问题，概括了其对我国的影响[34]。李小春和方志明（2007）分析了目前国内 CCS 技术在捕捉、运输和封存各个阶段的发展现状，表明国内的发展虽与国外有一定的差距，但仍存在一定的技术基础，因此我国将来大规模应用 CCS 来达到减少二氧化碳排放这一目标是十分可行的[35]。之后，学者们总结分析了国际上 CCS 技术的发展现状及典型项目，以此为参考对国内 CCS 技术的开展提出建议（刘嘉等，2009[36]；江怀友等，2010[37]）。然而，由于 CCS 在我国发展的时间较短，因此仍存在着很多问题。王众、张哨楠和匡建超（2010）利用 SWOT 分析方法，对我国大规模发展 CCS 的优势、劣势、机遇与潜在障碍进行了系统的分析，阐明虽然存在如成本高和公众接受度低等诸多问题，但该技术在我国的应用前景广阔，随着今后的发展，这些问题大多可以解决，最后指出我国未来应加强国际合作，确定适合我国能源战略的 CCS 技术路线[38]。在前人研究的基础上，李小春、方志明和魏宁等（2009）再一次对 CCS 技术进行更深入的研究，提出了我国中长期 CCS 研发技术路线，确定了以注入二氧化碳提高石油采收率（enhanced oil recovery，EOR）和提高煤层采收率（enhanced coal bed methane recovery，ECBM）为早期实现机会，以含水层封存为长期、深度减排途径的 CCS 战略[39]。董华松和黄文辉（2010）对二氧化碳封存后的泄漏监测技术进行了探讨，指出为保证 CCS 项目的安全进行，二氧化碳封存之后泄漏的检测也要同时启动[40]。

3.2 CCUS 经济可行性分析研究现状

作为一项新兴的减排技术，CCUS 的高昂成本一直是其推广的重要障碍之一，因此关于 CCUS 的经济可行性分析目前已成为 CCUS 研究的一个重要方面。

3.2.1 国外研究现状

大卫和赫尔佐格（David and Herzog，2001）通过成本分解法对整体煤气化联合循环（integrated gasification combined cycle，IGCC）电厂、天然气联合循环（natural gas combined cycle，NGCC）电厂和粉煤（pulverized coal，PC）电厂的二氧化碳分离和捕集成本进行了分析，指出未来该项成本将会随着技术的进步而大幅降低[41]。鲁宾等（Rubin et al.，2007）则比较了 IGCC、NGCC 和 PC 这三种电厂安装 CCS 的减排成本和其减排效率，指出 IGCC 和 PC 两种电厂的减排成本会受煤炭质量的显著影响，而 NGCC 电厂将会由于天然气价格上涨的预期而使得其减排成本高于 IGCC 和 PC[42]。赫德尔等（Heddle et al.，2003）分析了不同模式下二氧化碳的管道运输成本与封存成本，包括 EOR 和 ECBM 等用途以及利用废弃油气田、深部盐水层、海洋的多种封存方式[43]。麦考伦等（Mccollum et al.，2006）指出由于所采取的假设和计算方法不同，利用模型所估算出来的二氧化碳管道运输成本也会有很大差异，因此他们试图在消除不同假设的影响后，再在共同的基础上进行不同模型的比较[44]。秋本等（Akimoto et al.，2007）对日本二氧化碳的地质封存成本（特别是利用管道运输）进行计算，结果表明所需成本在很大程度上取决于运输距离与单井注入率[45]。斯梅肯斯和范德兹瓦恩（Smekens and van der Zwaan，2006）评估了 CCS 在欧洲长期能源情景分析中可能会带来的损失成本[46]。麦考伊（Mccoy，2008）利用美国已有封存项目的数据，建立了二氧化碳运输和封存成本估算模型，并对主要的影响因素进行了分析[47]。

3.2.2 国内研究现状

由于我国的能源结构情况，近年来 CCUS 的应用有很大一部分都集中在火力发电厂这一领域，因而国内对该技术的经济可行性分析也基本上以电厂为例。梁大鹏（2009）运用一般均衡模型设计中国 CCS 商业运营模式并采用系统动力学方法对商业运营系统进行仿真模拟，根据所建模型及通过仿真模拟得到的结果，提出碳排放税的制定、煤电联动、CDM 支持 CCS 和存储地的类型确认是中国在推广 CCS 技术时所面临的四个主要问题[48]。随后他又与李锬、腾超（2009）针对各个环节的主体的经济特性构建了 Agent 模型，并运用 Matlab 软件进行了系统仿真，通过分析得出初期政府的资金投入对 CCS 技术的推广至关重要，同时电力企业的采集系数与政府补助也会关系到该系统的稳定[49]。

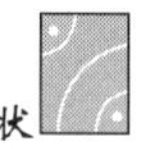

此外，也有一些学者的研究聚焦于二氧化碳的捕集成本上。田牧和安恩科（2009）对燃煤电站锅炉二氧化碳捕集封存技术进行了经济可行性分析，通过计算比较不同捕集方式下的运行费用，指出通过强化采油的方式可以弥补捕集和封存的成本缺陷，同时富氧燃烧捕集技术比燃烧后捕集技术的运行费用更低[50]。胥蕊娜、陈文颖和吴宗鑫（2009）研究的同样是CCS的捕集过程，通过对捕集过程中的效率损失、能源需求以及相关资源消耗等进行量化，经过分析指出超临界煤粉电厂和IGCC电厂是未来二氧化碳捕集技术发展的首选电厂类型[51]。

3.3　CCUS投资激励机制研究现状

3.3.1　国外研究现状

在早期的CCUS投资模型研究中，净现值法被广泛运用。但由于净现值法依赖于稳定的现金流入，而CCUS项目的收入具有极大的不确定性，且净现值法仅能决定是否进行投资却不能决定投资的最佳时机，因此在随后的研究中逐渐被其他方法所取代，相关研究的借鉴意义较小。考虑到CCUS投资的特性，实物期权理论占据了研究的主流，学者们从不同的角度入手对实物期权模型进行改进并应用到CCUS投资中，基于实物期权理论的CCUS投资模型日渐成熟。

阿巴迪（Abadie）和查莫罗（Chamorro）研究低碳约束环境下燃煤发电厂的CCS项目投资决策，他们将二氧化碳排放配额价格和电力价格作为不确定性因素构建实物期权模型，采用二叉树方法求解，确定最优投资规则（如津贴引发CCS投资价格）[52]。绍尔加约瓦等（Szolgayova et al.，2008）通过构建实物期权模型来评估不同气候变化政策工具对电力部门投资、利润和累积排放的影响，他们认为应该评估电价和碳价的不确定性，采用蒙特卡罗模拟方法对模型进行递归求解，同时也讨论了碳价上限和低碳价增长率对CCUS投资的影响[53]。海达里等（Heydari et al.，2012）也将电价和煤炭价格作为不确定性因素运用实物期权模型来评估火力发电厂在采用两种不同的减排技术（全部采用CCS技术开展项目和部分采用CCS技术开展项目）时的项目投资价值，研究结果表明最优的投资临界值对二氧化碳排放价格波动率有着高度敏感性[54]。

以上研究均为外国学者针对欧洲等地的CCUS项目所开展，随后周等（Zhou et al.，2010）在相关学者的研究基础上，第一次把碳价的不确定性引入国内发电厂的CCS投资决策分析中，在讨论过有别于CCS的其他减排技术之后，他们讨论了 CCS 项目在中国最佳的投资策略和不同的气候政策对 CCS 项目投资决策的影响[55]。朱和范（Zhu and Fan，2001）从成本节约的角度出发，建立实物期权模型来评估采用 CCS 技术的热电厂替代原有热电厂的可行性，从而对热电厂行业的发展提出建议，他们的模型考虑了碳价格、碳捕集与封存产生的热发电成本、火力发电成本和投资成本这四种不确定性因素，并把企业的 CCS 技术学习作为研发投入的一种，探究了政府补贴、节省 CCS 投资成本的研发补贴和投资风险对 CCS 投资决策产生的影响[56]。

3.3.2 国内研究现状

我国关于 CCUS 的研究起步较晚，由于借鉴了外国学者的研究成果，实物期权应用更为广泛。

张新华等（2012）针对碳价和碳捕获技术不确定的情况，构建在价格与技术双重不确定条件下发电商碳捕获技术投资模型，研究结果表明碳价波动性和技术进步均会延迟发电商碳捕获投资，但政策性补贴将抵销该投资延迟[57]。陈涛等（2012）采用实物期权方法提出了在多重不确定条件下将燃煤发电投资和 CCS 技术投资相统一的两阶段投资决策模型，并将政府补贴纳入模型中，通过对模型求解，得到了新建燃煤电厂的投资决策规则和碳排放技术的投资决策与补贴规则[58]。陈涛、唐小我和邵云飞（2013）针对碳排放约束下的 CCUS 项目技术选择给出了结论与建议，以常规粉煤（PC）发电和整体煤气化联合循环（IGCC）发电为例对两种技术的选择进行了研究，最终得出结论为在碳排放价格处于低位时 PC 发电的投资价值优于 IGCC 发电，但随着碳排放价格的上涨，IGCC 发电的投资价值将随之增加并超过 PC 发电，因此采用 PC 技术是短视的[59]。亢娅丽和朱磊（2014）研究了气候政策不确定条件下大型发电企业的投资决策问题，采用实物期权方法评估发电企业投资 CCS 技术的收益[60]。寻斌斌等（2014）采用实物期权方法，研究在投资者面临电价、排污权价格、燃料价格、CCS 成本以及政策变化等多种不确定因素情况下的发电投资决策[61]。朱磊和范英（2014）采用实物期权方法和蒙特卡洛模拟相结合的方法研究已投入运营的中国燃煤电厂改造投资决策问题，并对政府补贴政策进行了评价[62]。王素凤和杨善林等（2016）在考虑技术进步、电力价格、燃料价格、碳价、补贴政策和投资项目的碳减排率多重不确定因素的基础上，构建实物期权模型，研究发电商碳减排投资策略，具体分析了碳价波动对投资阈值和投资时点的影响，以及技术进步和投资补贴对发电商投资行为的影响[63]。张新华等（2019）构建实物期权模型分析收益下限政策对火力发电商碳减排投资行为的影响[64]。

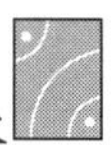

3.4 CCUS安全性及可靠性评价研究现状

3.4.1 国外研究现状

目前CCUS技术仍然处于研发和示范阶段，捕获、运输、封存等各个环节都存在较大的风险。盖尔（Gale，2004）分析总结了二氧化碳地质封存的研究现状和理论成果，指出目前地质封存仍然存在着很大的风险，因此该领域还有待进一步研究[65]。李等（Li et al.，2006）以韦本米德尔（Weyburn Midale）盖层为研究对象，指出由于二氧化碳与水的界面张力小于油气与水的界面张力，因此在枯竭油气田中注入二氧化碳会使盖层封闭性下降，很有可能导致二氧化碳的泄漏[66]。戴蒙等（Damen et al.，2006）总结了二氧化碳封存可能会产生的健康、安全和环境风险，指出其所带来的泄漏和地震等地下风险比地面风险更难监测和管理，因此必须建立更为完善的风险管理体系[67]。格斯滕伯格等（Gerstenberger et al.，2009）提出应扩大CCS项目的风险评价范围，应涉及安全、经济、社会、政治和工程等诸多方面，并建立了一种基于模块化和概率分析的逻辑树的风险评价方法来衡量CCS项目的风险[68]。

3.4.2 国内研究现状

许志刚等（2008）分析了二氧化碳渗漏的可能性及带来的风险，以加拿大韦本（Weyburn）油田为例，详细论述了二氧化碳渗漏风险评估机制，并针对具体的渗漏可能性提出了相应的补救对策[69]。刁玉杰等（2011）基于二氧化碳地质储存的地质安全性影响因素进行分析，建立了层次分析结构的地质安全性评价指标体系，初步计算了评价指标的权重，并利用模糊综合评价方法在层次评价指标结构的基础上对深部咸水层二氧化碳地质储存进行地质安全性综合评价[70]。任妹娟等（2014）分别从评价原则、评价内容、预测方法三个角度，阐述了二氧化碳地质储存的环境风险评价方法，并根据以上分析提出应急措施预案[71]。刘冬梅等（2014）针对CCUS各环节中存在的环境问题，借鉴现行的环评体系，提出了我国CCUS项目环评技术建议，最后简要阐述了国内推行CCUS项目环评制度存在的障碍[72]。这些学者的研究成果都大大丰富了我国的CCUS评价体系的既有文献。

3.5 CCUS 封存场地选择及潜力评估研究现状

二氧化碳地质封存是 CCUS 的一个非常重要的环节，以下对其研究现状进行分析。

3.5.1 国外研究现状

国外学者巴楚（Bachu，2000）在该领域有很多研究，早在 1999 年他就对如何选择二氧化碳地质封存的场地进行了研究，分析了二氧化碳在不同媒质中进行地质封存的情形，指出在选择封存场地时要综合考虑地质、水动力与地热、油气潜力与盆地成熟度、经济、政治和社会等诸多因素[73]。之后，他评估了 Alberta 地区不经济的煤田封存二氧化碳的潜力并研究了在该区域如何进行场地选择，通过分析确定了曼维尔、黑勒和阿德雷三个煤区的二氧化碳封存潜力与封存特点[74]。文森特等（Vincent et al.，2009）则对中国渤海盆地和东北部的封存潜力进行了研究，指出港东油田封存潜力小，适合 EOR 或小规模封存；胜利油田和开滦油田封存潜力较大，但由于孔隙度和渗透性低，因此在注入二氧化碳时存在一定的困难；此外，济阳坳陷虽然封存潜力较大，但目前很多重要数据不明，因此决策时要谨慎[75]。许等（Hsu et al.，2008）将二氧化碳地质封存场地选择看作是复杂的多属性决策问题，构建 ANP 模型进行封存场地选择[76]。

3.5.2 国内研究现状

张洪涛等（2005）总结了不同的二氧化碳埋存方式的技术要点，以此为基础全面分析了中国适宜二氧化碳封存的地质条件和潜在的封存区域，根据分析结果建议加强中国二氧化碳埋存地质条件调查和相关重大科技问题的研究[77]。刘延峰等（2006）根据目前中国的煤炭和煤层气勘探资料和 CO_2 – ECBM 原理，采用含气量法对中国主要含煤层气区深度 300 ~ 1500 米范围内的煤层二氧化碳储存潜力进行初步评价[78]。此后刘延峰又与其他学者分别针对我国天然气田和深部咸水含水层的二氧化碳储存容量进行了初步评估[79][80]。张菊等（2015）在二氧化碳地质储存的储存机理和地质条件的基础上，对华北南部盆地中的三个坳陷区的盖层条件进行了分析，并结合适应性评价指标进行了综合评价，最后得出结论说明三个坳陷区均可作为华北南部盆地二氧化碳地质储存的初选场地[81]。

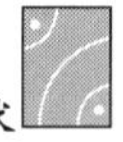

而随着对海洋的开发利用，学者们的目光也开始从陆地转向海洋。霍传林（2014）在总结国内外已有研究成果的基础上，建立了适合我国的对近海二氧化碳地质封存潜力和生态环境敏感性、脆弱性的评价方法，同时构建了二氧化碳海底封存区域规划指标体系与评估方法，最后通过分析说明我国具有开展二氧化碳海底地质封存的良好条件[82]。

3.6 CCUS法律及政策研究现状

3.6.1 国外研究现状

CCUS作为一个全新的研究领域，对于CCUS的法律监管是CCUS有效运转的政策保障，可以给投资者带来投资信心，因而有关CCUS法律及政策的研究成为国际上CCUS研究的热点问题之一。梅斯等（Mace et al.，2007）[83]简要介绍了与CCS相关的国际环境法原则，指出了与该技术相关的关键环境和安全风险，并强调了在欧盟和国际法背景下，在欧盟现行法律框架中实施CCS将面临重大挑战。他们指出其对CCS大规模实施，存在一定的持续监管差距，需要在未来解决监管差距问题。格伦伯格和柯南（Groenenberg and Coninck，2008）讨论了在欧盟范围内倡导大规模实施CCS的政策工具，并采用多准则分析对其进行了评价，他们指出欧盟成员国的补充政策可能会给CCS提供足够的激励，潜在的政策包括诸如投资补贴、收费计划、二氧化碳价格保证、CCS授权和低碳投资组合等金融工具，欧盟层面的结构性政策，例如授权或低碳投资组合标准，将更有利于实现欧盟各国大规模部署CCS，并且更容易被环保组织所接受[84]。波拉克和威尔逊（Pollak and Wilson，2009）对美国不同州和环保组织有关二氧化碳地质封存规则进行了讨论，指出应该加快建立全美统一的二氧化碳地质封存规则[85]。

3.6.2 国内研究现状

由于国内CCUS起步较晚，因此针对该领域的法律法规及政策还不是很完善，研究成果也较少。范英等（2010）通过分析与CCS技术相关的国际法律法规和政策的漏洞与缺陷，提出必须视CCS技术的实际发展情况而推出相关CCS推广的财政政策[86]。汤道路等（2011）对与美国CCS技术相关的法律法规及政策进行系统的梳理，为我国CCUS法律法规体系的建设提供了参考依据[87]。彭峰

(2011) 则参考国际已有的监管体系，为我国 CCS 和 CCUS 技术利用的监管主体的设立、权限分配、制度设计提供了参考，并确立了我国 CCS 和 CCUS 技术监管制度体系应包括的各项制度[88]。

3.7 CCUS 公众态度评价研究现状

3.7.1 国外研究现状

CCUS 的大规模实施取决于社会公众对 CCUS 的态度和接受程度，国外许多学者调查和研究了本国公众对 CCUS 的认知程度和支持态度。阿尔芬等（Alphen et al.，2007）对荷兰公众进行了调研，分析结果指出虽然目前大多数荷兰公众对 CCS 技术表示“可接受”，如工厂、政府和非正式的环保组织等，但他们对 CCS 技术并非完全认同，因此仍需要采取进一步的措施来增强他们的认同感[89]。沙克利（Shackley，2007）则对欧洲能源行业的公众进行了调研，绝大多数被调查者表示开展 CCS 项目是重要的，同时 60% 以上的受访者认为 CCS 技术风险较低，此外将近半数的受访者担心 CCS 技术的发展会影响对可再生能源的投资[90]。汉森等（Hansson et al.，2009）就 CCS 技术的不确定性与障碍对 24 位专家进行了访谈，根据访谈结果他们指出正是由于这种不确定性才使得大部分人对 CCS 的未来与发展持乐观的态度，因此他们表明政策制定者必须重视 CCS 技术的不确定性[91]。

3.7.2 国内研究现状

目前国内 CCUS 技术的发展还不是很成熟，公众认知度不高，这在很大程度上影响了社会公众对该技术的接受程度。早期，胡虎等（2009）针对 CCS 可能的实施领域及影响的行业确定调查对象，调查相关领域人员对 CCS 的认知水平和可接受度，结果表明信息缺乏是影响社会公众接受 CCS 的关键因素，公众忧虑和法律与政策的不确定性是我国推广 CCS 的两大障碍[92]。此后，王亮方等（2013）再次针对类似人群对 CCS 技术公众认知度及其影响因素进行了调查分析，虽然最后结果表明公众接受度仍然不高，但是总体而言，公众对推行 CCS 技术基本持支持的态度，同时对 CCS 中封存的风险也非常重视[93]。由上述学者的研究成果可以看出，我国必须重视公众对 CCUS 的了解程度。

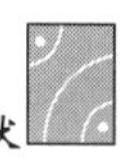

本章小结

本章对目前国内外CCUS的研究成果进行了综述，主要包括CCUS系统/技术研究、经济可行性分析研究、投资激励机制研究、安全性及可靠性评价研究、封存场地选择及潜力评估研究、法律及政策研究以及公众态度评价研究这七个研究领域。通过对众多研究成果的分析，指出目前国内外阻碍CCUS技术进一步发展的限制因素。

第 4 章

CCUS 技术在中国发展现状

4.1 中国政府对 CCUS 的支持与资助

伴随着世界各国大规模示范项目的进行，中国政府发布政策明确表达了对 CCUS 发展的支持，中国也在研发基础上采用系统的方法推广 CCUS。从 2006 年开始，中国政府先后制定并发布了多项与 CCUS 相关的政策文件。

4.1.1 “十一五”期间中国政府制定的与 CCUS 相关的政策文件[94]

2006 年 2 月 9 日，国务院发布《国家中长期科学和技术发展规划纲要(2006—2020 年)》(以下简称《规划纲要》)，《规划纲要》分为指导方针、目标、重点领域、优先主题等 10 个部分。将“开发高效、清洁和 CO_2 近零排放的化石能源开发利用技术”列入先进能源技术范畴。

2007 年 6 月 4 日，国家发改委发布《中国应对气候变化国家方案》，这是我国第一部应对气候变化的国家方案，提出“大力开发 CO_2 捕获及利用、封存技术”。

2007 年 6 月 14 日，科技部、发改委等部委联合发布《中国应对气候变化科技专项行动》，将“CO_2 捕集、利用与封存技术”纳入重点任务。

2008 年 10 月 29 日，国务院新闻办发布《中国应对气候变化的政策与行动》白皮书，指出中国已确定将重点研究的减缓温室气体排放技术包括 CO_2 捕集、利用与封存技术。

2010 年 10 月，《国务院关于加快培育和发展战略性新兴产业的决定》中提出开展 CCUS 试点示范的建议。

在《国家中长期科学和技术发展规划纲要（2006—2020 年)》中 CCUS 被定义为未来开发的尖端技术。

4.1.2 “十二五”期间中国政府制定的与CCUS相关的政策文件[94]

中国在“十五”和“十一五”科学技术发展规划中对CCUS给予了支持，并在“十二五”规划中继续支持该技术。这几个五年计划列出了中国在五年周期内主要领域和地区工业规划、社会和经济发展的目标。2011年，中国政府首次宣布在中国大力支持CCUS的开发和推广，并表明为CCUS提供更多的财政与政策支持。

2011年9月13日，国土资源部印发《国土资源“十二五”科学和技术发展规划》，指出要开展地质碳储方法、捕获和封存（CCS）工艺及监测技术攻关，研究岩溶地质作用的碳汇效应以及碳捕获和封存（CCS）效应，探索减缓和抑制碳排放的有效途径。

2012年1月13日，国务院发布《“十二五”控制温室气体排放工作方案》(以下简称《方案》)。《方案》指出，“十二五”期间我国将大幅度降低单位国内生产总值二氧化碳排放。到2015年全国单位国内生产总值二氧化碳排放比2010年下降17%，控制非能源活动二氧化碳排放和甲烷、氧化亚氮、氢氟碳化物、全氟化碳、六氟化硫等温室气体排放取得成效。为实现上述目标，我国将综合运用多种控制措施。与此同时，还将研究制定支持试点的财税、金融、投资、价格、产业等方面的配套政策，形成支持试验试点的整体合力。《方案》中明确了在“十二五”期间，在火电、煤化工、水泥和钢铁行业中开展碳捕集试验项目，建设二氧化碳捕集、驱油、封存一体化示范工程。

2012年3月，中国通过与全球碳捕集与封存研究院（GCCUSI）签订谅解备忘录（MOU）加强了承诺，为中国CCUS活动的增加铺平了道路。

2012年7月11日，为指导应对气候变化科技发展，科学技术部、外交部、国家发展改革委、教育部、工业和信息化部、财政部、环境保护部、住房和城乡建设部、水利部、农业部、国家林业局、中国科学院、中国气象局、国家自然科学基金委员会、国家海洋局、中国科学技术协会等部门联合制定了《“十二五”国家应对气候变化科技发展专项规划》，指出要着力解决碳捕集、利用和封存等关键技术的成本降低和市场化应用问题，建立二氧化碳排放统计监测技术体系，为完成国家二氧化碳排放强度和能源强度约束性指标提供支撑。

2013年1月9日，工信部、发改委、科技部、财政部联合印发的《工业领域应对气候变化行动方案（2012—2020年)》指出，到2020年我国单位国内生产总值二氧化碳排放比2005年下降40%～45%，此数据将作为约束性指标被纳入国民经济和社会发展中长期规划。

2013年2月22日，国家和发展改革委员会公布了《战略性新兴产业重点产品和服务指导目录》。将碳捕集、利用和封存技术（CCUS）纳入战略性新兴产业重点产品和服务指导目录。

2013 年 2 月 16 日，为了贯彻落实《国家中长期科学和技术发展规划纲要(2006—2020 年)》，配合《国民经济和社会发展第十二个五年规划纲要》和国务院发布的《“十二五”控制温室气体排放工作方案》的实施，指导碳捕集、利用与封存科技发展，科学技术部制定了《“十二五”国家碳捕集、利用与封存科技发展专项规划》。

2013 年 4 月 27 日，国家发展改革委发布《关于推动碳捕集、利用和封存试验示范的通知》，鼓励 CCUS 技术的发展。

2014 年 11 月，《中美联合申明》表示，推进碳捕集、利用和封存重大示范：经由中美两国主导的公私联营体在中国建立一个重大碳捕集新项目，以深入研究和监测利用工业排放二氧化碳进行碳封存，并就向深盐水层注入二氧化碳以获得淡水采水率的提高这一新试验项目进行合作。

4.1.3 “十三五”期间中国政府制定的与 CCUS 相关的政策文件

2016 年 4 月 7 日，国家发改委、国家能源局发布《能源技术革命创新行动计划（2016—2030 年)》，将二氧化碳捕集、利用与封存技术创新作为今后一段时期我国能源技术创新的工作重点[95]。

4.1.4 我国政府对 CCUS 相关研究的资助

4.1.4.1 973 计划项目

与 CCUS 相关的我国 973 计划项目及其进展情况如表 4.1 所示。

表 4.1　与 CCUS 相关的我国 973 计划项目及进展情况

序号	项目名称	资助来源/渠道	执行时间	主要参与单位
1	二氧化碳减排、储存与资源化利用的基础研究	973 计划	2011 ~ 2015 年	中国石油集团科学技术研究院
2	超临界二氧化碳强化页岩气高效开发基础研究	973 计划	2014 ~ 2018 年	武汉大学等

资料来源：科学技术部社会发展技术司、科学技术部国际合作司、中国 21 世纪议程管理中心：《中国碳捕集、利用与封存（CCUS）技术进展报告》，2011 年 9 月。

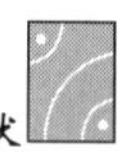

4.1.4.2 863计划项目

与CCUS相关的我国863计划项目及其进展情况如表4.2所示。

表4.2 与CCUS相关的我国863计划项目及进展情况

序号	项目名称	资助来源/渠道	执行时间	主要参与单位
1	二氧化碳驱油提高石油采收率与封存关键技术研究	863计划	2009~2011年	中国石油集团科学技术研究院、中国石油化工集团勘探开发研究院等
2	新型O_2/CO_2循环燃烧设备研发与系统优化	863计划	2009~2011年	华中科技大学等
3	二氧化碳—油藻—生物柴油关键技术研究	863计划	2009~2011年	新奥集团、暨南大学等
4	基于IGCC的二氧化碳捕集、利用与封存技术研究与示范	863计划	2011~2013年	华能集团、清华大学、中科院热物理所等
5	干热岩综合利用关键技术研究	863计划	2012~2015年	吉林大学、清华大学、天津大学、广东能源所、中石油、武汉岩土所等

资料来源：科学技术部社会发展技术司、科学技术部国际合作司、中国21世纪议程管理中心：《中国碳捕集、利用与封存（CCUS）技术进展报告》，2011年9月。

4.1.4.3 国家科技支撑计划项目

与CCUS相关的我国国家科技支撑计划项目及其进展情况如表4.3所示。

表4.3 与CCUS相关的我国国家科技支撑计划项目及进展情况

序号	项目名称	资助来源/渠道	执行时间	主要参与单位
1	超重力法二氧化碳捕集纯化技术及应用示范	国家科技支撑计划	2011~2015年	中石化胜利油田分公司、北京化工大学、北京工业大学、中国石油大学（华东）等
2	35MWth富氧燃烧碳捕获关键技术、装备研发及工程示范研究	国家科技支撑计划	2011~2014年	华中科技大学、东方电气集团、四川空分设备集团等
3	30万吨煤制油工程高浓度二氧化碳捕集与地质封存技术开发与示范	国家科技支撑计划	2011~2014年	神华集团、北京低碳清洁能源研究所、中科院武汉岩土力学所等

续表

序号	项目名称	资助来源/渠道	执行时间	主要参与单位
4	高炉炼铁二氧化碳减排与利用关键技术开发	国家科技支撑计划	2011~2014年	中国金属学会、钢铁研究总院等
5	大规模燃煤电厂二氧化碳捕集、驱油及封存技术开发及应用研究	国家科技支撑计划	2012~2015年	中国石化、北京大学、清华大学、中国科学院武汉岩土力学研究所、中国石油大学（华东）、中国石油（北京）、华北电力大学、北京工业大学、青岛科技大学
6	冶金过程二氧化碳资源化利用产业化技术示范	国家科技支撑计划	2012~2015年	北京科技大学、中科院过程工程研究所
7	陕北煤化工捕集、埋存与提高采收率技术示范	国家科技支撑计划	2012~2015年	中国石油大学、湖南大学、陕西延长石油有限责任公司

资料来源：科学技术部社会发展技术司、科学技术部国际合作司、中国21世纪议程管理中心：《中国碳捕集、利用与封存（CCUS）技术进展报告》，2011年9月。

4.1.4.4 国家自然科学基金项目

与CCUS相关的我国国家自然科学基金项目及其进展情况如表4.4所示。

表4.4 与CCUS相关的我国国家自然科学基金项目及进展情况

序号	项目名称	资助来源/渠道	执行时间	主要参与单位
1	深部煤层处理二氧化碳中的二元气固耦合作用与双重孔隙效应研究	国家自然科学基金	2011~2013年	中国矿业大学
2	超临界二氧化碳注入低渗透煤层运移规律及增透机理研究	国家自然科学基金	2011~2013年	辽宁工程技术大学
3	深煤层注入/埋藏二氧化碳开采煤层气技术研究	国家自然科学基金	2011~2015年	中联煤层气公司
4	煤层中注入二氧化碳驱替甲烷的热流固耦合作用机理研究	国家自然科学基金	2012~2014年	中国矿业大学
5	地层约束条件下N_2/CO_2混合气体驱替煤层气的机理及最佳气体组分比研究	国家自然科学基金	2012~2014年	中国科学院武汉岩土力学研究所
6	基于深部煤层二氧化碳封存的超临界二氧化碳与煤相互作用及其对碳封存影响研究	国家自然科学基金	2012~2015年	山东科技大学

续表

序号	项目名称	资助来源/渠道	执行时间	主要参与单位
7	超临界二氧化碳在非常规油气藏中应用的基础研究	国家自然科学基金	2011~2014年	中国石油大学
8	基于超结构的二氧化碳管道网络运输建模与优化	国家自然科学基金	2012~2014年	清华大学
9	基于页岩气藏CO_2封存的CO_2-CH_4页岩体相互作用机理研究	国家自然科学基金	2013~2015年	重庆大学
10	碳排放限制政策下供应链运输模式选择与生产—库存策略研究	国家自然科学基金	2013~2015年	华东理工大学
11	二氧化碳注入过程中咸水层孔隙压的演变规律及预测方法	国家自然科学基金	2014年	中国地震局地壳应力研究所
12	利用衰竭油气田存储二氧化碳过程中废弃井完整性变化机理研究及评价	国家自然科学基金	2014~2016年	东北石油大学
13	多场多相条件下超临界二氧化碳粒子射流破岩和井筒携岩机理研究	国家自然科学基金	2015~2017年	中国石油大学（华东）
14	核磁共振技术研究裂缝性致密油藏注二氧化碳提高采收率机理	国家自然科学基金	2016~2018年	中国石油化工股份有限公司石油勘探开发研究院
15	超临界二氧化碳水平井携岩机理研究	国家自然科学基金	2016~2018年	中国石油大学（华东）
16	超临界二氧化碳泡沫压裂液流变行为与摩阻特性研究	国家自然科学基金	2017~2019年	长江大学
17	二氧化碳置换法开采天然气水合物过程中储层出砂机制研究	国家自然科学基金	2018~2020年	中国石油大学（华东）
18	二氧化碳驱采出原油乳状液界面膜动力学稳定性的多尺度研究	国家自然科学基金	2018~2020年	中国石油大学（华东）
19	陆相页岩油注二氧化碳吞吐提高采收率机理研究	国家自然科学基金	2020~2023年	中国石油天然气股份有限公司勘探开发研究院
20	超临界二氧化碳管道泄漏压力-温度突变耦合机理及状态参数量化研究	国家自然科学基金	2020~2022年	合肥通用机械研究院有限公司
21	动态CCS条件下管道输送二氧化碳质量流量的在线测量	国家自然科学基金	2020~2023年	华北电力大学

资料来源：1. 科学技术部社会发展技术司、科学技术部国际合作司、中国21世纪议程管理中心：《中国碳捕集、利用与封存（CCUS）技术进展报告》，2011年9月。2. 国家自然科学基金委员会官网，http：//www. nsfc. gov. cn/。

4.2 CCUS在中国发展现状

我国CCUS技术研究起步较晚，2008年7月16日中国首个燃煤电厂二氧化碳捕集示范工程——华能北京热电厂CCUS示范工程正式建成投产，并成功捕集出纯度为99.99%的二氧化碳，这标志着二氧化碳气体减排技术首次在中国燃煤发电领域得到应用[97]。目前我国大型的示范项目主要有：中国华能集团绿色煤电IGCC电站示范工程项目、神华集团10万吨/年CCUS示范工程项目、中国石化集团胜利油田燃煤电厂3万吨/年二氧化碳捕集与EOR示范工程项目等[98]。尽管我国CCUS项目仍处于起步阶段，但我国积极地发展CCUS示范性项目运营，如神华集团、华能集团等以及国际合作建立的示范性项目已在中国实施，这些项目都得到了国家政府的大力支持。

4.2.1 已投运全流程CCUS项目试点与示范

4.2.1.1 神华集团10万吨/年的CCUS示范工程

2010年6月1日，神华集团二氧化碳捕获与封存全流程项目（CCUS）在内蒙古自治区鄂尔多斯市开工建设。这是发展中国家首次开发同类项目，投产后将成为亚洲规模最大的同类工程[99]。

此项目是从神华集团煤制油生产线中捕集二氧化碳，经过提纯、液化等环节，运送到距捕集地约17千米、地下约3000米的区域进行封存。一期工程总造价约为2.1亿元，于2010年底开始进行二氧化碳试注入，预计每年可减少10万吨的二氧化碳，相当于4150亩森林吸收的二氧化碳量。鄂尔多斯CCUS项目在选址上比较谨慎，其大致考虑了气源地远近、运输距离长短和地质结构是否符合条件等因素[99]。

4.2.1.2 中国石化集团胜利油田燃煤电厂3万吨/年二氧化碳捕集与EOR示范工程项目

自2008年以来，中国石化集团在二氧化碳捕集和封存、驱油技术研究和开发基础上，建设了100吨/日燃煤烟道气二氧化碳捕集与EOR全流程示范工程。该示范工程从发电厂燃煤烟道气中捕集体积浓度约14%的二氧化碳，然后将二氧化碳进行压缩和液化处理，最终二氧化碳纯度达99.5%，并将其输送至低渗透油藏，实现二氧化碳封存和驱油[94][98]。2010年9月该示范工程完工，成功实现

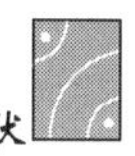

了投产运行。此外，集团公司在承担的国家“十一五”科技支撑课题基础上，开发了超重力法工艺捕集二氧化碳，并首次将该技术应用于电厂烟道气二氧化碳捕集，使二氧化碳捕集核心设备小型化、高效化[94][98]。

在此基础上，集团公司正在筹备建设百万吨级二氧化碳捕集、驱油与封存技术开发和示范工程，将来对煤制气装置尾气及电厂燃烧后烟道气的二氧化碳进行捕集与封存。

4.2.2　CO_2 捕集技术研发与试点

4.2.2.1　中国华能集团 3000 吨/年捕集试验示范系统和 10 万吨/年捕集示范项目

2008 年，中国华能集团建成投产了年回收能力达 3000 吨的燃煤电厂烟气二氧化碳捕集试验示范系统。自系统投运以来，运行稳定可靠，各项技术经济指标均达到设计水平，实现了二氧化碳回收率大于 85%，捕集出纯度达到 99.997% 的二氧化碳，并实现了回收的二氧化碳再利用[94][98]。

2009 年，中国华能集团启动了 10 万吨/年二氧化碳捕集示范项目，采用燃烧后二氧化碳捕集技术，年捕集二氧化碳能力达到 12 万吨。2009 年 7 月项目开工建设，2009 年 12 月 30 日投入示范运行，捕集出的二氧化碳纯度达到 99.5% 以上，并制造出可以在食品行业使用的二氧化碳[94][98]。

4.2.2.2　中国电力投资集团重庆双槐电厂 1 万吨/年碳捕集示范项目

2010 年 1 月，由中国电力投资集团投资建设的重庆合川双槐电厂二氧化碳捕集工业示范项目正式投运。每年可处理 5000 万 Nm^3 烟气，捕集 1 万吨纯度达到 99.5% 以上的二氧化碳，捕集率达到 95% 以上[94][98]。

4.2.2.3　华中科技大学富氧燃烧技术研发与 35MWt 小型示范项目

华中科技大学建立了中试规模富氧燃烧试验系统和全流程富氧燃烧中试系统。其中中试规模富氧燃烧试验系统热输入为 400kWt 的，科研人员对其进行了一系列相关实验研究，包括空气助燃方式燃烧、O_2/CO_2 烟气循环燃烧、炉内喷钙增湿活化脱硫、分级燃烧等。全流程富氧燃烧中试系统热输入为 3MWt，每小时二氧化碳捕获量为 1t[94][98]。

在上述试验基础上，未来在湖北省将建设一套全流程的 35MWt 二氧化碳富氧燃烧小型示范项目[94][98]。

4.2.2.4 中国华能绿色煤电 IGCC 电站示范工程

中国华能集团绿色煤电 IGCC 电站示范工程位于天津市滨海新区，拟分三期建设，一期完成电厂建设，二期完成绿色煤电关键技术研发，三期建成二氧化碳捕集示范工程。一期工程已于 2009 年 7 月开工建设，2011 年建成投产。2016 年 7 月 10 日，IGCC 电站完成了燃烧前二氧化碳捕集装置 72 小时满负荷连续运行测试，标志着集团在燃烧前二氧化碳捕集技术领域取得了重要进展[94][98]。

4.2.2.5 国电集团 2 万吨/年二氧化碳捕集和利用示范工程

2011 年底，中国国电集团在天津市北塘电厂投运二氧化碳捕集中试装置，2012 年底建成二氧化碳捕集和利用示范工程，该项目采用燃烧后二氧化碳捕集技术，年捕集二氧化碳 2 万吨[94]。

4.3 CCUS 在中国公众认知度现状

4.3.1 CCUS 社会公众认知调研过程

我国已实施节能减排的国策多年，CCUS 在我国也有近十年的发展历程，但减排效果如何、气候问题是否得到改善、减排方式偏好等问题需要通过社会调研获得。任何技术的发展都离不开公众的支持与推动作用。为了进一步了解 CCUS 项目在我国发展的现状以及融资及发展前景，我们通过“问卷调查”的方式对社会公众认知情况进行收集、整理和分析。我们设计出针对公众调研的《关于温室效应下减排技术认知调查问卷》，经过二度删改、成员试填写等过程，将问卷设计为三部分：基本信息、对温室效应的认知、对 CCUS 技术的认知。我们通过网络渠道发放，总共回收问卷 362 份，排除信息或者答案不完整的问卷，最终获得有效问卷 354 份。

4.3.2 CCUS 社会公众认知调研成果

通过对有效问卷的整理、分析和思考，我们得出的几个方面的结论如下所述。

4.3.2.1 基本信息

问卷设计于 2015 年 6 月，在 2015 年 7 月 10 日正式通过“问卷星”平台在网络上大范围发放，经过一个月的收集和汇总，共回收有效问卷 354 份；问卷的调查对象偏重于高中以上学历的受教育人群，调查对象的职业主要是学生和企业单位工作人员，也有部分政府机关工作人员和军人。CCUS 社会公众认知度调查对象基本信息如图 4.1 所示。调查对象的性别比例为男 69.29%，女 30.71%，青年人居多。CCUS 项目未来的研发建设必然需要大学生的加入，企业单位的人员多从企业经营角度思考 CCUS 的意义，所以本次调查对象给出的结果与我们的调研目的契合度很高。

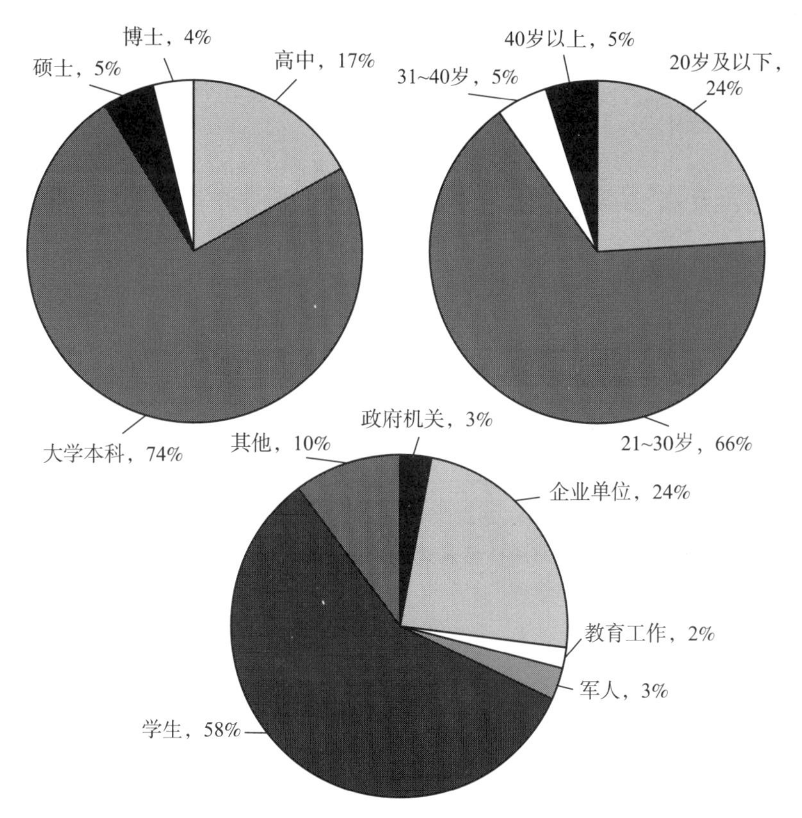

图 4.1 CCUS 社会公众认知度调查对象基本信息

资料来源：据问卷调查数据整理所得。

4.3.2.2 对温室效应的认知

在公众对温室效应的认知调查中，我们将选项按认知程度从低到高，赋值 1、2、3、4、5，根据选择比例加权平均算得最终得分。绝大部分公众对温室效应有清晰的认知，愿意付诸行动节能减排，认为工业企业与温室气体排放有一定关系。公众对温室效应认知统计结果如表 4.5 所示。

表 4.5　　公众对温室效应认知统计结果

问题	得分
您认同全球变暖对我们生活产生负面影响吗?	4.47
您是否愿意在日常生活中努力减少碳排放?	4.52
您是否认为工业企业是温室气体排放的主要来源?	4.17

资料来源：据问卷调查数据整理所得。

对于减排措施，公众态度不一，如图 4.2、图 4.3、图 4.4 所示。

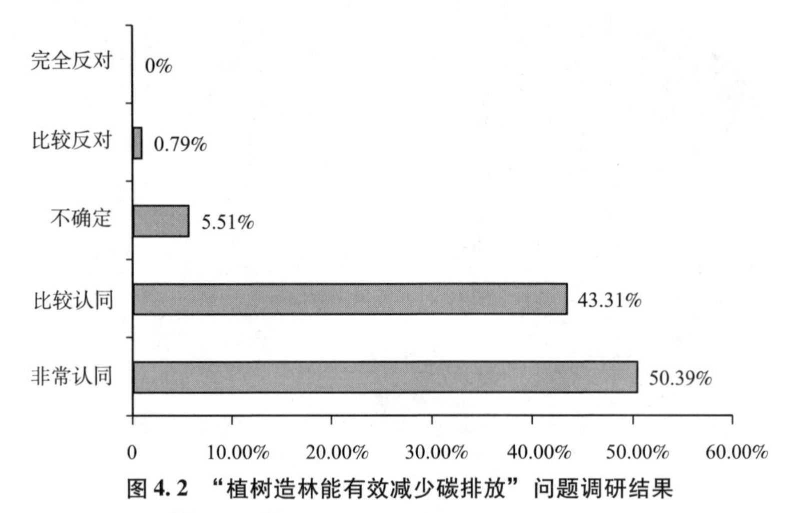

图 4.2 “植树造林能有效减少碳排放”问题调研结果

资料来源：据问卷调查数据整理所得。

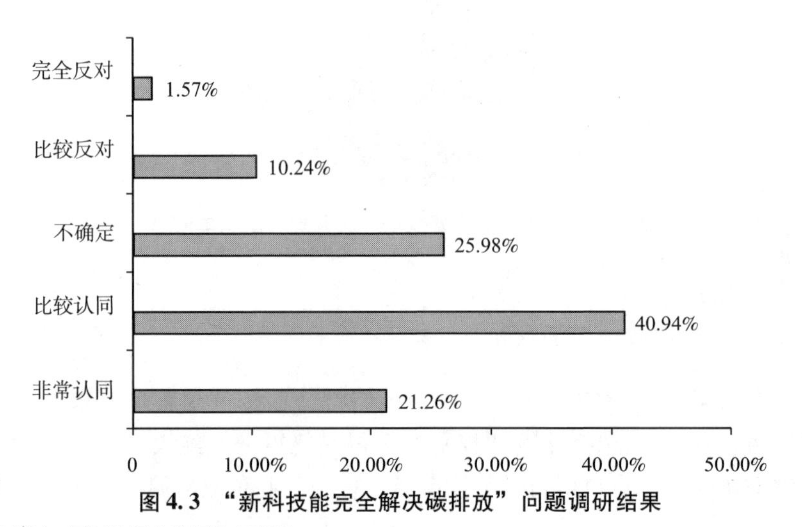

图 4.3 “新科技能完全解决碳排放”问题调研结果

资料来源：据问卷调查数据整理所得。

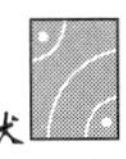

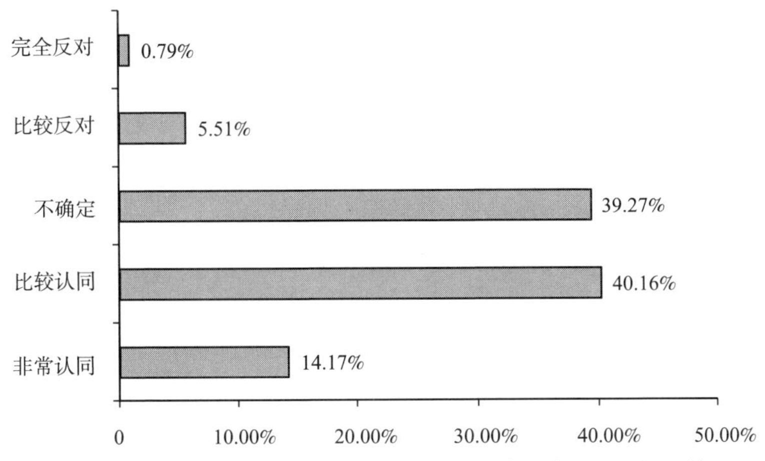

图 4.4　“对工业气体排放的限制能有效减少碳排放”问题调研结果

资料来源：据问卷调查数据整理所得。

4.3.2.3　对 CCUS 技术的认知

调查群体中超过 90% 的人对 CCUS 技术不了解，对 CCUS 的有效性持折中态度，80% 的受访者认为 CCUS 在我国的普及率较低。社会公众对 CCUS 技术的认知情况如图 4.5、图 4.6 所示：

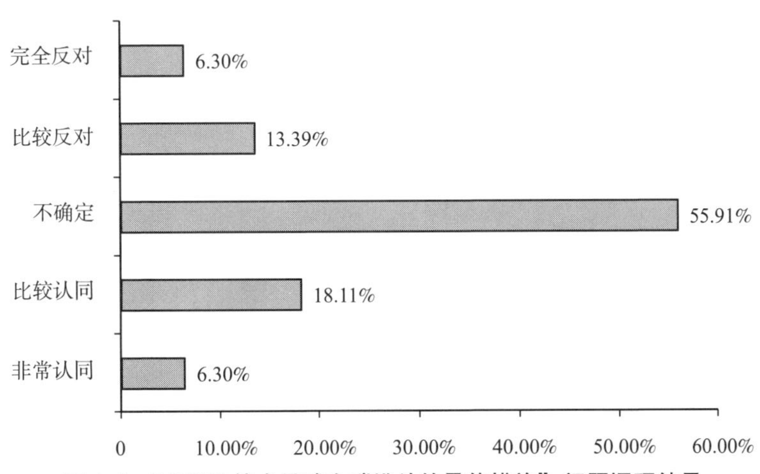

图 4.5　“CCUS 技术是减少碳排放的最佳措施”问题调研结果

资料来源：据问卷调查数据整理所得。

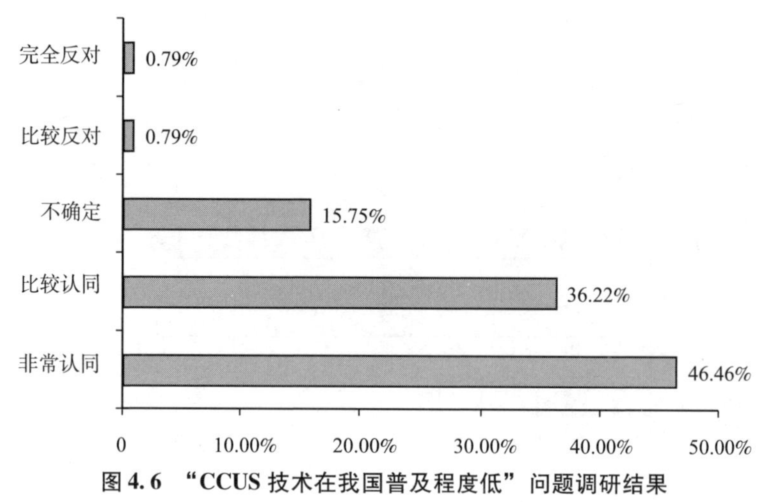

图 4.6 “CCUS 技术在我国普及程度低”问题调研结果

资料来源：据问卷调查数据整理所得。

关于 CCUS 技术实施过程中发挥主导作用的一方，公众将“政府”“化石燃料工厂”“国际环保组织”“民间资本”排序，程度由高到低分别赋值 4、3、2、1，得出四方的加权平均分如图 4.7 所示。

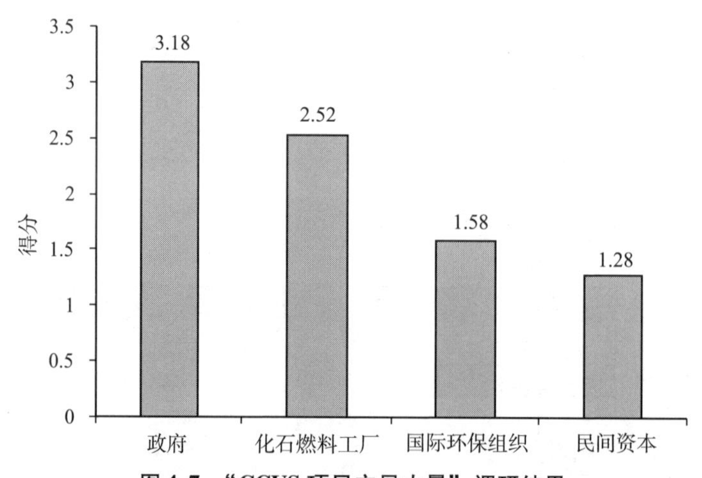

图 4.7 “CCUS 项目主导力量”调研结果

资料来源：据问卷调查数据整理所得。

关于 CCUS 项目的建设与运营成本相较于其他减排项目，公众对此持不确定的态度，如图 4.8 所示。

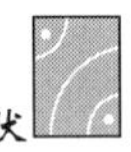

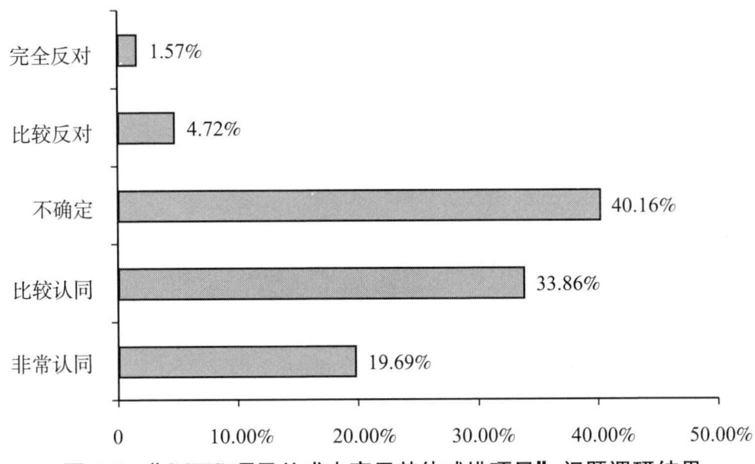

图4.8 "CCUS项目总成本高于其他减排项目"问题调研结果

资料来源：据问卷调查数据整理所得。

在投资意愿方面，公众对投资CCUS项目的意愿不大，在投资金额方面，超过80%的受访者表示最多愿意投资1000元以下，如图4.9和图4.10所示。

关于公众对CCUS技术在国内应用的看法与建议，部分受访者对CCUS的减排效果提出质疑："个人认为这个技术没有从真正意义上减少二氧化碳排放，并且对掩埋地的环境影响未知，是类似于垃圾掩埋的饮鸩止渴的处理方式""科技具有双重性，成本高风险大，解决了碳排放还会出现其他环境问题，远不如植树造林一举多得"。

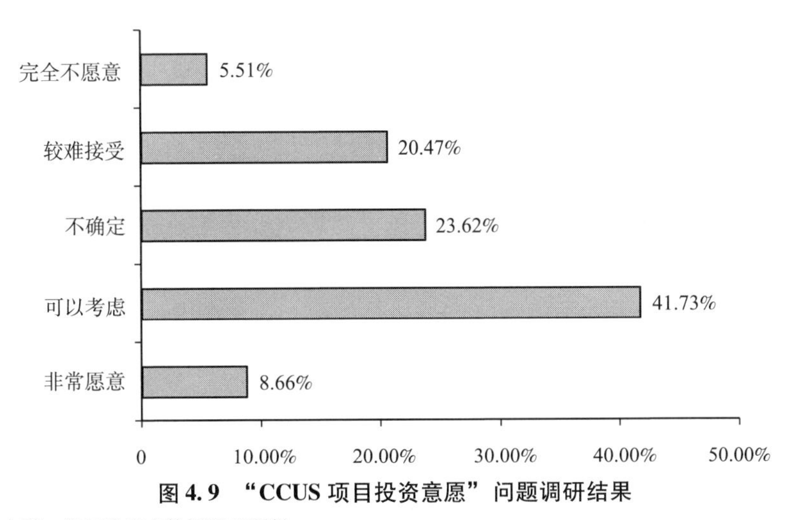

图4.9 "CCUS项目投资意愿"问题调研结果

资料来源：据问卷调查数据整理所得。

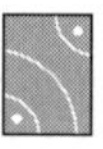

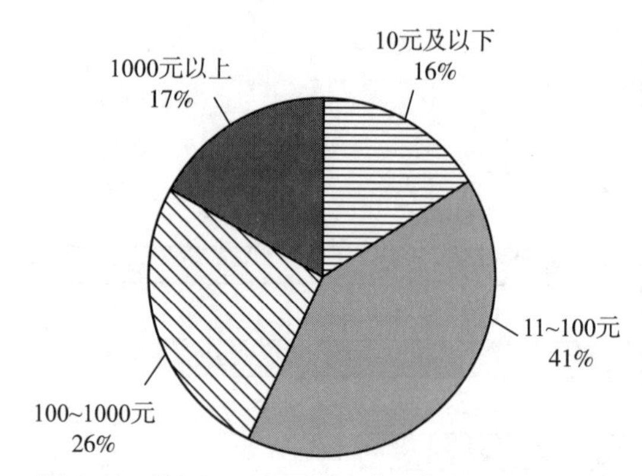

图 4.10 “CCUS 项目投资资金”问题调研结果

资料来源：据问卷调查数据整理所得。

4.3.2.4 小结

CCUS 在中国的公众认知度问卷小结如图 4.11 所示。通过以上的问卷调研结果，我们可以得到以下几点结论。

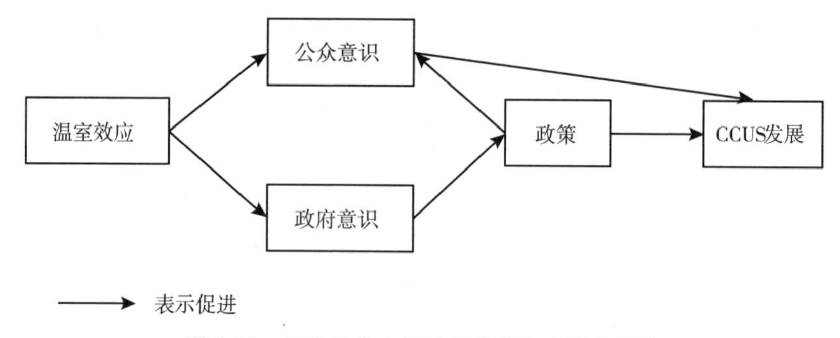

图 4.11 CCUS 在中国的公众认知度问卷小结

第一，公众对 CCUS 项目认识不足。CCUS 项目要求将二氧化碳捕捉、运输，再封存到地下，对技术的专业性要求极高，我国 CCUS 项目处于发展初期，仍存在未克服的技术障碍，全国 CCUS 项目建设数目有限，因此普通大众对 CCUS 项目知之甚少。若是单从字面理解 CCUS，大众对 CCUS 技术的安全性和减排有效性存在质疑。因此 CCUS 的长期发展需要政府部门加大宣传力度，并且加速 CCUS 方面的法律建设，使 CCUS 项目的技术研发、投融资活动、风险防范活动趋于规范化、制度化、流程化，从而提升公众对 CCUS 技术的信心，引发大众对 CCUS 项目的投资需求。

第二，需要采取措施激励 CCUS 投资。受访者中有现在和未来的企业人员，

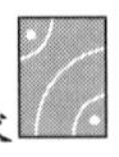

他们代表着企业资本对CCUS投资活动的参与程度，CCUS项目的市场化程度决定了企业投资偏好。现阶段CCUS项目的预期收益率低，若要激励投资，必须采取增加CCUS收益率的措施。只有将收益率提高，保证项目未来的现金流，才能更容易获得银行贷款、民间资本、公益基金等投资，从而促进CCUS项目发展成熟。

第三，政府在CCUS项目的普及上起决定性作用。CCUS激励措施中的政策激励有碳税征收、投资补贴、清洁电价、绿色信贷等，投资补贴、绿色信贷增加企业绿色低碳项目融资的成功率、降低融资成本；清洁电价是上调清洁发电的电价，增加电厂资本利得；碳税征收是政府对碳排放主体征收碳税，从而限制个人与组织的碳排放量。因此，政府有必要颁布政策从以上三方面推动CCUS项目投融资活动。

本章小结

本章主要阐述了CCUS技术在中国的发展现状，具体列举了中国政府近年来针对CCUS技术所制定的相关政策以及为CCUS研究所设立的资助项目。之后，简要介绍了目前国内开展的CCUS试点与示范项目。最后以问卷调查的形式分析了国内公众对CCUS的认知度，根据调查结果指出目前公众对CCUS的认知不足，政府在CCUS项目的普及上起着决定性作用，需要进一步激励对CCUS项目的投资，推动CCUS技术的发展与应用。

第 5 章

CCUS 项目投资激励机制研究

近年来随着全球气候变暖，节能减排和低碳发展道路是应对气候变化的最佳选择。世界各国都在努力探寻减少以二氧化碳为主的温室气体排放量的方法，从技术、经济、政策、法律等层面不断探究，并试图通过国际会议达成共识以共同应对全球气候变暖问题。CCUS 技术凭借其"从源头上控制二氧化碳排放"的特点在世界低碳领域脱颖而出，引起国际社会关注，成为全球研究热点，被国际能源署视为是解决全球气候变暖问题最为重要的手段之一[7]。该技术在 20 世纪 70 年代被开发，此后四十年国内外的科研机构、学者、政府部门对 CCUS 技术的前景、实现方法等进行总体研究探讨。《联合国气候变化框架公约》和《京都议定书》将 CCUS 列为减排技术。2010 年坎昆会议上的《将地质形式的 CCS 作为 CDM 项目活动》协议将 CCS 纳入清洁发展机制（CDM）项下，为 CCS 提供关键融资渠道，推动 CCS 技术进入高速发展阶段。目前国外 CCUS 技术趋于成熟，诸多试验点项目已取得令人满意的成效。

中国是世界上最大的煤炭生产国和消耗国，目前的能源结构仍以煤炭为主，石油为第二大能源消耗源且增长迅速，在很长一段时间内将维持这一状态，随着中国经济的增速发展，能源消耗和碳排放不断上升的局面不可避免。这预示着 CCUS 技术的应用在中国有巨大的市场。相比国外，CCUS 技术进入中国较晚。2007 年 6 月，科技部、发改委等部委联合发布《中国应对气候变化科技专项行动》，其中将二氧化碳捕集、利用与封存技术纳入重点任务之中，标志着 CCUS 项目正式进入中国；此后，CCUS 技术在"十二五"规划中被列为重点项目，并且在国家推动下建设了一批 CCUS 试点项目，神华集团、华能集团等国内建设以及国际合作的 CCUS 示范性项目已在中国开展实施。

虽然 CCUS 项目需要大量的资金投入，但 CCUS 作为碳减排项目可以创造巨大的经济价值。能源效率—碳排放权早在十年前就成为可以追逐的资产，碳排放权受到追崇是因为强制性公共产品的物权可以相互转让，进行交易，即碳交易。随着 1997 年《京都议定书》而诞生的碳排放交易制度，让作为全球稀缺资源的

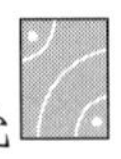

环境公共产品获得了产权。自《京都议定书》生效以来，全球碳排放市场实现了每年大约 1000 多亿美元的全球碳市场规模[100]。根据全球金融市场数据及基础设施提供商路孚特（Refinitiv）发布的研究报告[101]可知，2019 年全球碳市场的总价值增长了 34%，达到了 1940 亿欧元（2145 亿美元），较 2017 年碳市场价值增加了近 5 倍，这也是碳市场价值连续第三年实现创纪录增长。对于中国而言，碳交易及其衍生的市场发展前景尤其广阔，因为中国拥有巨大的碳排放资源。2013 年以来，中国稳步推进低碳省区和低碳城市试点，积极组织碳排放权交易试点，开展低碳工业园区、低碳社区等试点示范。2017 年 12 月，国家发改委发布《全国碳排放权交易市场建设方案（发电行业）》，这标志着我国碳排放交易体系正式启动。目前全国碳市场正处于基础建设期，以电力行业的配额模拟交易为例，初期被纳入全国碳市场的电力企业约 1700 家，涉及二氧化碳年排放约 30 亿吨，约占全国碳排放量的 1/3[102]，中国未来将是世界最大的碳市场。推广 CCUS 项目能加速 CCUS 产业的成熟，这意味着 CCUS 项目与 CDM 机制相结合，通过 CCUS 项目封存的二氧化碳能够通过国际间的碳交易创造大量的利润，这也在很大程度上解除了私人投资者的顾虑，减轻了政府财政支出的负担，也反过来促进了企业对 CCUS 项目的投资，形成良性循环。

5.1 CCUS 项目投资成本收益分析

5.1.1 CCUS 项目融资来源

在全球减排的大背景下，CCUS 作为从源头解决二氧化碳过量排放的高端技术，在西方国家已发展得较为成熟。欧洲国家、加拿大、美国经历了近十年的探索研发，至 2019 年全球捕获量在 80 万吨以上的煤电项目和 40 万吨以上的大型整体碳捕获与封存项目达到 51 个，但受到高成本、低效益（国际碳交易价格波动）的影响，大型碳捕集与封存项目运营数只有 19 个[7]。国际 CCUS 项目的融资来源以及模式如下所示[103]。

项目融资来源主要有政府投资、大型企业投资、金融资金、社会资金、国际资金、共同基金。按融资方式可分为政府直接融资模式，大型企业融资模式，集中管理、分散融资模式，公私合营融资模式和跨国融资模式，各种融资模式的特点如表 5.1 所示。

表 5.1　国际 CCUS 项目融资模式

融资模式	模式特点
政府直接投资	政府投入建设运营资金，企业、研发机构管理项目
大型企业融资	环保或利益相关型企业投入资金，企业共同或另设项目公司管理项目
集中管理、分散融资	多渠道资金投资，专门管理机构管理资金、研发项目，减排企业建设项目
公私合营融资	政府、国有机构、私营部门共同出资、共同承担建设任务
跨国融资	国外政府、企业或国际组织联合国内资本出资，共同承担技术研发、建设运营任务

资料来源：刘志琴：《我国 CCS 发展的融资模式研究》，湖南大学硕士学位论文，2012 年。

世界范围内 CCUS 项目采用的融资模式概况如表 5.2 所示。

表 5.2　世界范围 CCUS 项目融资模式

国家	项目名称	融资模式
美国	南方地理公司 CCS 示范项目	政府直接投资
加拿大	杰纳西 IGCC 项目	政府直接投资
美国	密苏里碳封存项目	大型企业融资
挪威	阿克尔（Aker）碳捕集项目	大型企业融资
美国	新泽西卡萨瓦（Carbonsavar）项目	集中管理、分散融资
澳大利亚	奥特韦盆地 CCS 示范项目	集中管理、分散融资
英国	蒂尔伯里（Tilbury）项目	公私合营融资
加拿大	阿尔伯塔干线	公私合营融资
中国	天津华能 IGCC 示范电厂	跨国融资
波兰	雷科波（RECOPOL）项目	跨国融资

资料来源：刘志琴：《我国 CCS 发展的融资模式研究》，湖南大学硕士学位论文，2012 年。

中国目前 CCUS 项目的投融资模式如图 5.1 所示，主要来源于政府政策性投资，如“863 计划（国家高技术研究发展计划）”“937 计划（国家重点基础研究发展计划）”等；企业自有资金投资；国际间金融开发机构，如 ADB（亚

洲开发银行）等。

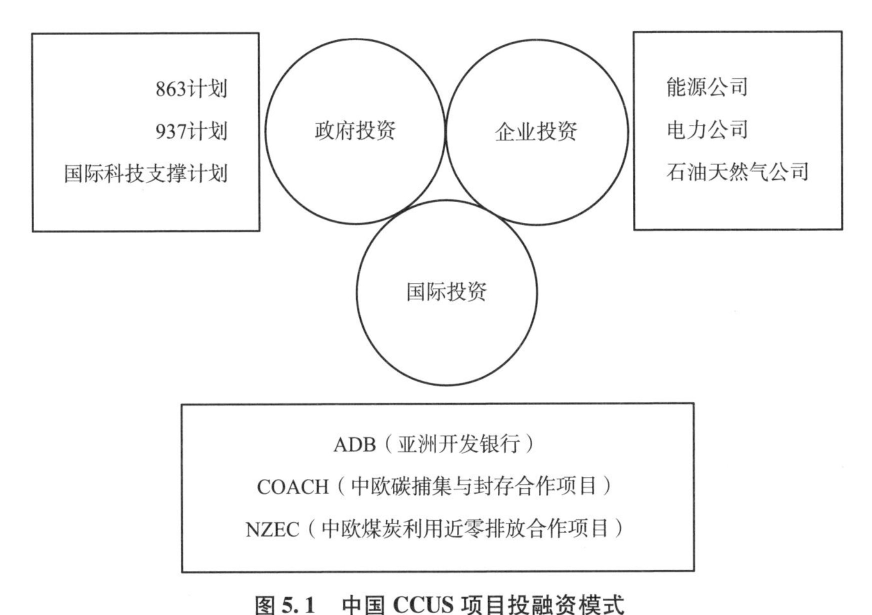

图 5.1　中国 CCUS 项目投融资模式

资料来源：刘志琴：《我国 CCS 发展的融资模式研究》，湖南大学硕士学位论文，2012 年。

从目前我国 CCUS 项目投融资模式图中可以看出，我国 CCUS 项目发展主要依赖政府投资，我国 CCUS 项目发展的最关键制约因素就是融资来源不足，投资者难以在该项目的建设投资中预期到可观的收益，项目的技术研发会受到阻滞。为了激励投资，必须从政策层面和市场层面双管齐下，增加 CCUS 项目的盈利能力和市场竞争力。

5.1.2　成本收益分析

5.1.2.1　成本分析

CCUS 项目可以在原有电厂中加以配置，也可以在新建电厂中直接建造，电厂成本主要包括技术研发成本、建设投资和运营成本，成本的大小与电厂预期发电量、二氧化碳捕获率、时间等因素有关。按照 CCUS 的技术路线，建设成本包括烟道改造、二氧化碳捕获装置、压缩装置、部分运输管道和二氧化碳埋存成本。

联合国政府间气候变化专门委员会（IPCC）的研究结果显示，利用适用技术捕获 90% 的二氧化碳，超临界电厂、NGCC 电厂和 IGCC 电厂每千瓦时的能耗分别要增加 24% ~40%、11% ~20% 和 14% ~25%。气候组织的分析表明，我国超临界电厂如果采用 CCUS 技术，单位发电煤耗将由 300gce/kWh 升至 400gce/kWh 以上。二氧化碳捕获使超临界电厂、NGCC 电厂和 IGCC 电厂的发电成本分别增加 40% ~80%、40% ~85% 和 20% ~55%；我国超临界电厂如果采用 CCUS 技术，单位发电成本将由 0.3 元/kWh 升至 0.4 元/kWh 左右[104]。由此可见，CCUS 的实现需要消耗大量的能源，对于大型电厂的 CCUS 项目建设而言，会造成较大的成本负担，因此需要充足的资金支持。

5.1.2.2 收益分析

在 CCUS 项目的收益分析中，可按来源将收入分为政府激励与市场激励[105]，如图 5.2 所示。

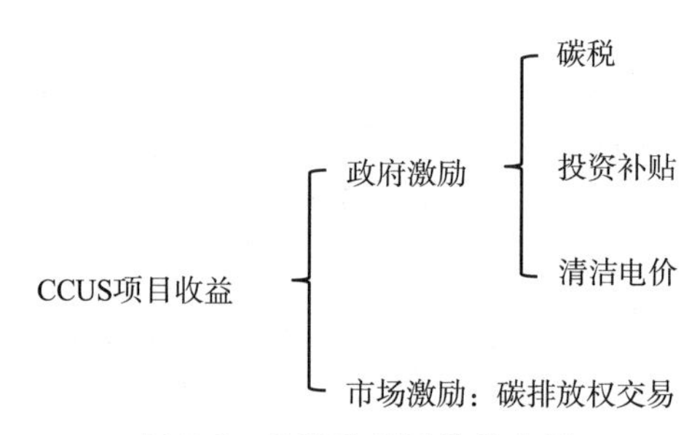

图 5.2 CCUS 项目收益分析

资料来源：王晓敏：《CCS 在中国的商业运营模式与激励措施研究》，哈尔滨工业大学硕士学位论文，2008 年。

（1）碳税。

碳税是指对二氧化碳排放征收的税，该项可看作是被征税电厂的成本节约收益。不同国家的征税时间、征税对象和征税标准基于各国二氧化碳排放特点有所差异，[106][107][108][109]世界上部分国家探索实施情况如表 5.3 所示。在碳税政策的实施方面，一方面推进能源的高效利用，另一方面增加政府财政收入再投资于减排事业。全球各地区根据碳排放来源对不同对象征收碳税，中国目前未实施碳税，因为大排量的工业企业过多，征收碳税不仅会增加企业的税负，更不适用于当下“供给侧改革”的大环境，但我国温室效应带来了环境恶化问题、极端气候问题，以及随着经济发展导致的更大规模的碳排放问题，综合来看，笔者认为中国在未来有可能征收碳税。

表5.3　世界碳税实施情况

地区	开始时间	征税对象	税率标准
芬兰	1990年	矿物燃料中含碳量	1.62美元/吨
	1993年		2.96美元/吨
	2008年		30美元/吨
瑞典	1991年	化石能源碳排放，工业部门减免50%，采矿、制造业、造纸业等行业免税	58欧元/吨
	2002年		68欧元/吨
	2008年		107.15欧元/吨
丹麦	1992年	工业行业和家庭，参加自愿减排协议的企业可以享受税率减免	14.3美元/吨
英国	2001年	出售给商业和公用部门的电力、煤炭、天然气、液化石油气	在产品价格上加15%
美国	2007年	房屋所有者、商业组织	根据用电账单，每年私人用户多收16美元，商业机构多收46美元
加拿大	2008年	汽油、柴油、天然气、煤、石油以及家庭暖气用燃料等所有燃料	2.4分/公升

资料来源：1. 曾繁华、陈建军、吴立军：《碳税与排放权交易制度比较及碳税实施问题研究》，载《财政研究》2014年第5期。2. 靳东升：《山雨欲来话碳税》，载《金融博览》2010年第8期。3. 苏明、傅志华、许文、王志刚、李欣、梁强：《碳税的国际经验与借鉴》，载《经济研究参考》2009年第72期。4. 付静娜：《我国碳税法律制度构建问题研究》，河南师范大学硕士学位论文，2014年。

（2）投资补贴。

政府对企业投资进行补贴可分为两种情况：一是通过补贴初期的研发投入，提高CCUS技术水平，降低CCUS建设和运营期间的成本，企业无须增加对前期技术研发的投入，减轻企业融资压力；二是通过对项目建设与运营的补贴，建设阶段补贴取值工程总造价的一定比例，运营补贴可分阶段发放给企业，受行业折现率和市场利率的波动影响。各国的示范性CCUS项目广泛采用了政府投资补贴的激励方式。总的来说，政府的投资补贴能够减轻企业前期融资负担，改善企业现金流状况，同时为企业承担一部分研发、运营的风险，鼓励企业实施CCUS建设。

（3）清洁电价。

电厂的CCUS改造会造成电厂发电总量的降低，在国家电网统一定价的大背景下，企业的发电收益会降低，从而降低了企业投资CCUS项目的动力。在同等上网电价的情况下，企业只能通过改进技术、降低能耗来节约成本，用以弥补发电方面相对减少的收益。对于政府而言，激励企业投资 CCUS 的关键因素即为电价。政府可通过给予清洁发电企业政策性电价补贴——制定高于传统上网电价的"清洁电价"，来弥补企业收益损失。

在清洁电价的制定方面，我国已实行"脱硝""脱硫"电价，在上网电价的基础上提高 0.05 元/kwh 补贴"脱硝""脱硫"的成本。因此，有专家学者认为，应当将电价补贴类比到"脱碳电价"，以清洁电价补贴为基础量化 CCUS 的投资收益，从而分析企业投资 CCUS 的价值。

（4）碳排放权交易。

碳排放权交易是指一方与另一方签订合同，获得一定量的温室气体排放量，买方是出于减排或者增加排放权的需求，卖方则是因碳排放量未达排放限制或者利用清洁能源、高新技术降低碳排放从而供给碳排放权，实现了碳排放权的需求和供给对接。将温室气体排放量作为标的，价格采用市场定价，价格随时间波动。因此，电厂投资 CCUS 项目，可将核准后的碳减排量在碳交易市场上出售以获取利润，这是 CCUS 市场激励的一个重要方向，碳交易市场中合理的价格制度、完善的交易体系、多选择的交易金融资产都会增加 CCUS 的投资价值。有关碳排放权交易市场的详细情况在章节 5.2 中介绍。

5.2 中外碳交易市场发展现状分析

由温室气体导致的全球气候变暖问题正不断威胁到全人类的生存发展，各国对此也给予高度的关注和重视。在此趋势下，2005 年，《京都议定书》正式生效，并规定自 2008 年起直到 2012 年，全球二氧化碳排放量应在 1990 年的基础上平均降低 5.2%。在《京都议定书》的要求之下，各国纷纷采取二氧化碳减排措施，其中不少温室气体超额排放的国家向未超额排放的国家购买温室气体减排指标（主要为二氧化碳减排指标），因此而产生了碳交易，碳交易市场逐步形成。

5.2.1 碳交易市场简介

5.2.1.1 碳交易市场形成背景

碳交易是指针对各类温室气体排放权而进行的交易，碳交易的出现最早是联合国为了能够更好地应对全球日益反常的气候变化而创建的一种交易体系。1992 年 6 月，联合国环境与发展大会提出并通过了《联合国气候变化框架公约》

（UNFCCC），最早出现了形成碳交易市场的趋势。1997年，在《联合国气候变化框架公约》（UNFCCC）的框架下，形成并出台了《京都议定书》，并于2005年生效。

在《京都议定书》框架下，碳交易市场机制逐步完善，各个相关参与方也表现出了很高的积极性，形成了比较完备的市场分类，并制定出台相关的法律政策。

5.2.1.2 碳交易市场结构及机制

（1）碳交易市场结构。

根据排放意愿的自愿程度，国际碳交易市场主要可分为自愿排放权交易市场和管制型排放权交易市场，而管制型排放权交易市场已成为政府和企业为完成法定减排任务而开展碳交易的场所。

根据交易类型的不同，国际碳交易市场可划分为基于配额的市场和基于项目的市场。

基于“限量与交易”机制而形成的配额市场，是指在法律法规的要求和约束下，由政策制定者和管理者规定各个不同地区所有温室气体排放总量，并将总量按照不同的配额分配给各个成员，成员以自身单位减排的成本为依据，在遵守相关交易规则的前提下，将自己的减排量与其他成员的减排量进行交易，通过这种市场化的交易手段使得该地区成员能够在较低的成本水平上实现规定的排放要求。配额市场包括三个层次，分别为由《京都议定书》设定的国际排放权交易体系（international emission trading，IET）；由部分国家建立的《京都议定书》之外的排放量交易市场，如欧盟排放交易体系（European Union Emission Trading Scheme，EUETS）、美国芝加哥气候交易所（Chicago Climate Exchange，CCX）等；以及由一些国家、企业和国际组织建立的不同的基于资源交易的碳排放市场。

应用“基准与信用”的原理而形成的项目市场，是指买方通过证实可降低温室气体排放的项目以购买相应的减排信用交易额，即受减排要求限制的国家和地区通过项目投资，为发展中国家提供资金技术支持，以购买项目生产核准的温室气体减排单位，从而实现完成自身的温室气体减排的要求[110]。

（2）碳交易市场机制。

在《京都议定书》中，提出了进行碳排放权交易的三种灵活的交易机制，分别为清洁发展机制（CDM）、联合实施机制（joint implementation，JI）和国际排放权交易体系（IET）。其中清洁发展机制（CDM）和联合实施机制（JI）是以项目为主的碳权交易市场[111]。国际排放权交易体系（IET）则以配额市场为主[111]。

清洁发展机制（CDM）是在《联合国气候变化框架公约》通过的缔约方减排义务的履行机制，它允许发展中国家与发达国家合作进行项目级的碳配额的转让，发达国家以资本换取发展中国家的碳排放权。具体实施方式是可以由发达国家提供资金和技术，在发展中国家实施具有温室气体减排效果的项目，而项目所产生的温室气体减排量则被列入发达国家履行《京都议定书》的承诺中。

联合实施机制（JI），是指发达国家从其在具有减排义务的其他发达国家投资的节能减排项目中获取减排信用，用于抵减其排减义务。与 CDM 的机制不同的是这些项目是在《京都议定书》中有减排责任的发达国家内实施的碳补偿项目。而且与 CDM 的数量相比，JI 项目的数量要少得多。

国际排放权交易体系（IET），是指一个发达国家以贸易的方式将其超额完成减排义务的指标转让给另外一个未能完成减排义务的发达国家，与此同时将相应的转让额度从转让方的允许排放限额上扣减[112]。与基于项目机制的减排信用不同，在国际排放权交易体系（IET）中交易的是在总量控制与排放量交易机制下由政策制定者初始分配给企业的配额[111]，例如欧盟排放交易体系（EUETS）使用的欧盟排碳配额 EUA。

其中清洁发展机制（CDM）和联合实施机制（JI）是以项目为主的碳排放权交易市场，国际排放权交易体系（IET）则是以配额市场为主[111]。

目前碳交易市场的组成如图 5.3 所示。

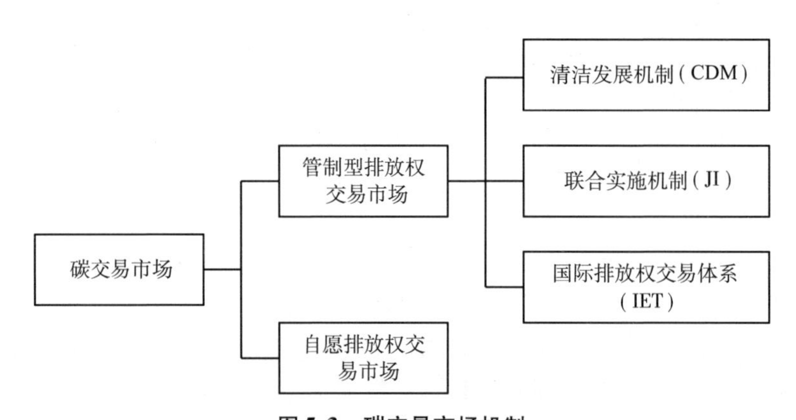

图 5.3　碳交易市场机制

资料来源：张盈、匡建超、王众：《中外碳交易市场发展现状分析》，载《中外能源》2014 年第 3 期。

5.2.1.3　碳交易市场执行机构及参与者

（1）碳交易市场执行机构。

联合国国际交易日志（ITL）。全球碳排放注册的中央系统，将各国的注册系统相连接形成统一的整体，能够更清晰地记录各国排放配额的交易，包括配额的发放、转让和注销[110]。

国家注册系统。在联合国国际交易日志之外，每个缔约方自行建立的国家注册系统，该系统与ITL相关联，用以记录和确认国家和企业碳排放配额持有和转移情况[110]。

联合履行监督委员会（JISC）。负责审查所有联合实施机制的市场，核实缔约方的资质[110]。

CDM执行理事会（CDMEB）。全球清洁发展机制市场的管理中心，负责对相关政策的制定、注册项目以及签发核证减排量（CERs）等[110]。

（2）碳交易市场参与者。

碳交易市场的参与者有供给者、排放者和中介机构三类，包括减排项目的开发者、咨询机构的金融机构，以及暂无排放约束和有排放约束的国家，涉及范围广泛。

在碳交易市场中，暂时不受排放约束的国家或受排放约束但自身配额使用有剩余的国家，可将减排量自行或通过中介机构进行出售，以获得一定的经济利益。而那些受排放限额约束且自身排放量超标的国家和自愿交易机制的参与者可以买入减排单位，以达到排放要求。

5.2.2　国际碳交易市场发展

自2005年《京都议定书》生效后，国际碳交易市场发展迅猛，各方面呈现良好态势。碳交易市场一经形成，取得的减排效果十分显著。

5.2.2.1　国际碳交易市场机制相对完善

针对不同性质和意愿的交易主体，形成了更细化的市场分类和更灵活的交易机制，能够满足国际碳交易市场众多不同参与者的交易需求。

5.2.2.2　国际碳排放市场交易体系全面

全球范围内形成了数个较大的碳交易市场，如欧盟排放交易体系（EUETS）、《京都议定书》下的清洁发展机制（CDM）交易市场、芝加哥气候交易所、欧洲气候交易所、印度碳市场交易所等，其中交易量较大、流动性良好的是欧盟碳排放交易体系和清洁发展机制交易市场。

欧盟碳排放交易体系是世界上多收益国参与的碳排放权交易体系，囊括11000多个碳排放的行业，在能源消费方面，包括6种温室气体，其中包含了欧洲近一半水平的二氧化碳。各国的排放上限即碳配额由欧盟制定，配额价格由配额量和预期排放量决定；参与欧盟碳排放交易体系的企业需要在每一年度将由第三方机构核准的碳减排量按时汇报。在定价方面，李布（2010）发现，在最初阶段的不确定性逐渐消除后，排放权的价格与造纸和钢铁产业的产量存在显著的正相关关系。一是说明交易价格取决于碳排放许可权的供给与需求状况，即产量越大，排放权的需求就越多，排放权的价格就越高；二是说明排放权价格已经影响了企业的生产决策，企业如果不采取减排措施或降低产量，则需要承担更多的减排成本[113]。

5.2.2.3 金融机构积极参与碳交易市场

与排放权相关的远期、期权已成为当前各层次碳交易市场中最主要的交易工具。各交易市场上进行碳交易的交易工具如表5.4所示。

表5.4 碳交易市场上的交易工具

交易体系	交易工具
国际排放权交易体系（IET）市场	AAUs的现货及其远期和期权交易
欧盟排放交易体系（EUETS）市场	EUAs现货及其远期和期权交易
联合实施机制（JI）市场	ERUs相关产品
各级CDM市场	CERs相关产品
自愿市场	自行规定的碳排放配额

资料来源：李婷、李成武、何剑锋：《国际碳交易市场发展现状及我国碳交易市场展望》，载《经济纵横》2010年第7期。

此外除了这些基本的交易工具，碳信用市场上还出现了不同的衍生工具，为市场参与者提供了更多获利和购买减排量的方式[110]。

因此，温室气体排放权的全球交易已经形成了特殊的碳金融市场，各个金融机构都参与其中，为企业和政府能够更好地规避风险、获取收益提供了新的出路。

5.2.3 国内碳交易市场发展

5.2.3.1 我国目前碳排放权交易机制发展

根据《京都议定书》规定，2012年之前我国不承担减排义务，但之后我国已超越美国成为全球二氧化碳排放量最大的国家，承担减排义务势在必行。

我国碳排放权交易市场开放较晚，于2017年底建立国内统一碳市场，目前仅在试点地区开展碳交易。自2008年起，我国已超越印度、巴西等国家成

为全球 CER 最大生产国。中国在 CDM 机制下碳产品的交易量约占世界总量的 60%[111]。以 2015 年 11 月为例，中国的减排项目签发情况如表 5.5 所示，绝大部分为化石燃料电厂的发电项目[105]。

表 5.5 **2015 年 11 月中国项目 CDM 签发情况**

项目名称	签发时间	签发量
陕西神木恒东兰炭尾气发电项目	2015. 11. 13	709701
贵州从江县龙王潭 15MW 水电项目	2015. 11. 06	85191
南钢转炉煤气回收项目	2015. 11. 06	143561
云南大盈江二级 70 兆瓦水电站	2015. 11. 06	401823
25 兆瓦兰炭尾气发电工程	2015. 11. 06	182987
中国如东风电厂项目	2015. 11. 13	96184

资料来源：《中国 CDM 项目签发最新进展》，碳排放交易网，2015 年 11 月 19 日。

我国 CDM 项目发展也形成了与国际市场不同的一些特点，如城市间的发展不平均，多数 CDM 项目分布在人口数量众多、经济发展水平不高的地区（云南省、内蒙古自治区、甘肃省等地），也有一些项目在山东省、福建省等发展水平中等的地区，而发展水平较高、经济较发达的地区 CDM 项目数量较少。从地理位置、自然资源和技术条件等方面出发，我国经济欠发达地区的减排潜力更大。

5.2.3.2 我国目前碳排放权交易试点开放情况

中国碳排放交易开始于 2013 年，经国家发改委批准，北京、上海、天津、重庆、湖北、广东和深圳七个地区开展了碳交易试点，2017 年全国碳排放交易全面启动。截至 2019 年 12 月 31 日，各个试点碳交易量与碳交易额如图 5.4 和图 5.5 所示，湖北碳交易量和交易额分别为 6382.09 万吨和 128794.39 万元，碳交易总量和总额均居首位，占七个试点碳市场交易总量约 32.99%、28.88%；广东交易量和交易额分别为 5551.87 万吨和 98455.83 万元，占总量约 28.70%、22.08%；深圳交易量和交易额分别为 2623.03 万吨和 71293.99 万元，占总量约 13.56%、15.99%；北京交易量和交易额分别为 1329.27 万吨和 79513.21 万元，占总量约 6.87%、17.83%；上海交易量和交易额分别为 1507.43 万吨和 42570.08 万元，占总量约 7.79%、9.55%；其他城市交易量相对较低[115]，如图 5.4、图 5.5 所示。

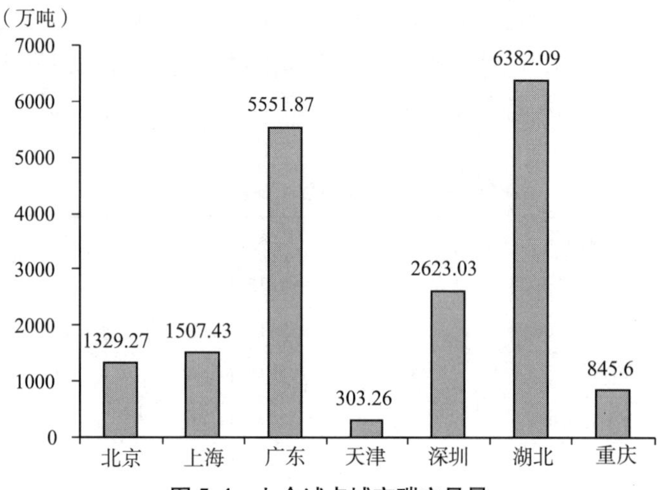

图 5.4　七个试点城市碳交易量

资料来源：中国碳排放交易网，http：//www. tanpaifang. com/。

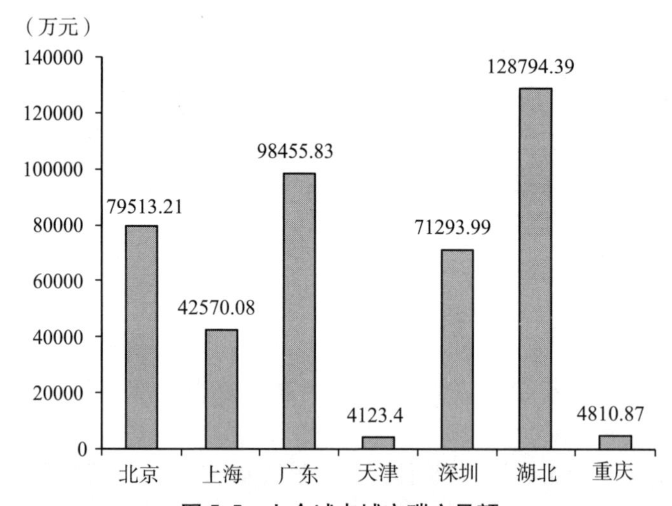

图 5.5　七个试点城市碳交易额

资料来源：中国碳排放交易网，http：//www. tanpaifang. com/。

不同试点地区碳价及变化趋势也各有差异，图 5.6 是 2014 年 1 月 2 日到 2019 年 12 月 31 日的“成交价（单位：元/吨）”，可以看出在此期间内，深圳的碳价总体波动性较大，呈下降趋势，最高日成交均价 88.45 元/吨（2014 年 3 月 11 日），2019 年最低成交价跌破 5 元/吨，最低日成交均价 3.3 元/吨（2019 年 4 月 4 日）。北京碳市场价格相对较高，总体呈上升趋势，2019 年前三季度成交均价在 80 元/吨上下波动，最高日成交均价为 87.48 元/吨（2019 年 8 月 5 日），最

低日成交均价为 30.32 元/吨（2018 年 9 月 20 日）。最低成交均价为重庆的 1 元/吨。上海碳市场自 2015 年起持续下降，2017 年后才逐渐回升，2019 年成交价略高于 40 元/吨。广东碳市场成交价格较为稳定，而重庆碳市场波动明显，成交价格差异较大，天津碳市场交易较少，价格变化不大，2017 年以来基本在 15 元/吨左右[115]。

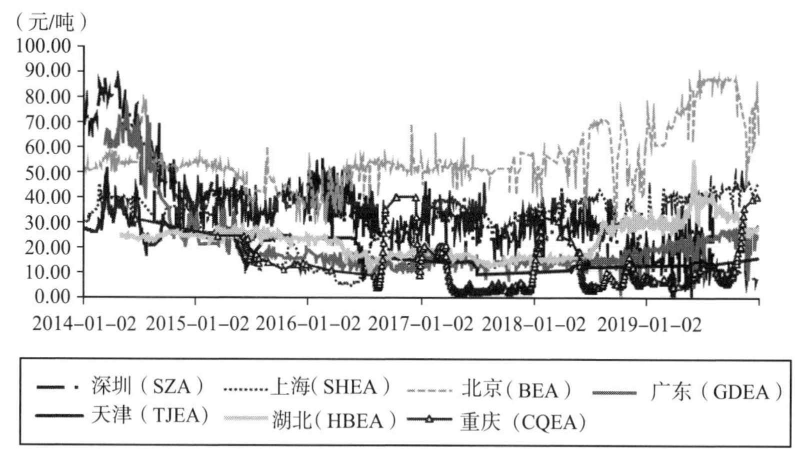

图 5.6　2014.1.2 ~ 2019.12.31 七个试点城市碳成交价格变化

资料来源：中国碳排放交易网，http://www.tanpaifang.com/，作者整理。

目前七个试点地区在参与者身份界定、参与制度与规则、交易过程等方面均未形成统一的标准，在发展中还存在诸多问题，如技术基础仍有欠缺、法律规定尚不完善、参与者身份界定不清晰等。要将试点推向全国，还需要提高企业认知程度和积极性，建立合理的碳交易价格机制，建立有效的数据获取渠道等。

5.3　CCUS 投资理论基础

5.3.1　净现值理论

对于一个投资项目而言，其投入运营后的净现金流量，按资本成本或企业要求达到的报酬率折算为现值，减去初始投资以后的余额为净现值（NPV）。净现值理论是根据净现值大小来评价方案优劣的一种方法。净现值（NPV）的计算公式如式（5-1）所示。当净现值为正数时偿还本息后该项目仍有剩余的收益，当净现值为零时偿还本息后一无所获，当净现值为负数时该项目收益不足以偿还本息。净现值大于零则方案可行，且净现值越大，方案越优，投资效益越好。采用净现值法进行决策的基本规则如下：在只有一个备选方案的采纳与否决的决策中，净现值为正者则采纳，净现值为负者则不采纳。在有多个备选方案的互斥选择决策中，应选用的方案为净现值是正值中的最大者。在以往 CCUS 项目投资价值的研究初期，净现值理论被用于衡量 CCUS 项目的投资价值，其计算公式如下。

$$NPV = \sum_{t=1}^{n} \frac{CI - CO}{(1 + i)^t} \tag{5-1}$$

其中，CI 为收入，CO 为成本，i 为折现率，t 为项目计算期。

5.3.2 实物期权理论

期权是一种特殊的合约协议，它规定持有者在给定日期或该日期之前的任何时间都有权利以固定价格买进或卖出某种资产。在存在不确定性的条件下，期权是有价值的，而且不确定性越大，期权的价值就越大。如果资产含有期权，那么资产的风险越大，其价值可能也越大。

所谓实物期权，宽泛地说，是以期权概念定义的现实选择权，一个投资方案所产生的现金流量所创造的利润，来自截至目前所拥有资产的使用，再加上一个对未来投资机会的选择。也就是说企业可以取得一个权利，在未来以一定价格取得或出售一项实物资产或投资计划，所以实物资产的投资可以应用类似评估一般期权的方式来进行评估。

实物期权理论为管理者提供了如何在存在不确定性的环境下进行战略投资决策的思路，是当今投资决策的主要方法之一。由于 CCUS 项目的不确定性，实物期权理论逐渐被引入 CCUS 项目投资价值的评估中，取代了净现值理论。

实物期权模型可分为两大类：离散型模型和连续型模型。离散型模型主要采用动态规划方法，如二叉树期权定价模型；连续型模型包括偏微分方程法和蒙特卡洛模拟，其中布莱克—斯科尔斯模型便是采用偏微分方程及边界条件法求得的期权定价模型。以上模型都直接来源于金融期权的估价过程。本书采用的 CCUS 投资价值评估模型构建方法为连续型模型中的偏微分方程方法。

5.3.3 随机过程相关理论

5.3.3.1 随机过程

随机过程（stochastic process）是对一连串随机事件动态关系的定量描述。

随机过程论与其他数学、物理分支如位势论、微分方程、复变函数论、力学等有密切的联系，是在自然科学、工程科学及社会科学各领域研究随机现象的重要工具。随机过程论已得到广泛的应用，在诸如天气预报、统计物理、天体物理、运筹决策、经济数学、安全科学、人口理论、可靠性及计算机科学等很多领域都要经常用到随机过程的理论来建立数学模型。研究随机过程的方法多种多样，主要可以分为两大类：一类是概率方法，另一类是分析方法，其中用到了测度论、微分方程、半群理论、函数堆和希尔伯特空间等。本章研究中采用微分方程的分析方法。

5.3.3.2　几何布朗运动

几何布朗运动（GBM），也叫作指数布朗运动，是连续时间情况下的随机过程，其中随机变量的对数遵循布朗运动。几何布朗运动在金融数学中被广泛应用，用来在布莱克—斯科尔斯期权定价模型中描述股票价格波动。本章研究建立在连续时间基础上，提出基本假设即国际碳市场价格服从几何布朗运动。

随机过程 S_t 在满足以下微分方程即式（5-2）的情况下被认为服从几何布朗运动。

$$\mathrm{d}S_t = \mu S_t \mathrm{d}t + \sigma S_t \mathrm{d}z \tag{5-2}$$

其中，S_t 是一个维纳过程，即布朗运动过程，μ 为漂移百分比，σ 为波动百分比，两者均为常量，dz 为维纳过程增量。

5.3.3.3　伊藤引理

在随机分析中，伊藤引理是一项非常重要的性质。提出者为日本数学家伊藤清，他指出了对一个随机过程的函数作微分的规则。伊藤引理是研究随机过程和解随机微分方程的重要特性，在金融数学里有广泛的应用。在本章研究中，运用伊藤引理研究随机过程，将CCUS项目的投资价值转化为微分方程并进行求解、分析。

在初始版本中，伊藤引理共分为三条。

在第一引理中，设布朗运动 W_t 以及二次可导函数 f，以下式（5-3）成立：

$$\mathrm{d}f(W_t) = f'(W_t)\mathrm{d}W_t + \frac{1}{2}f''(W_t)\mathrm{d}t \tag{5-3}$$

在第二引理中，设布朗运动 W_t 以及二次可导函数 f，以下式（5-4）成立：

$$\mathrm{d}f = \frac{\partial f}{\partial W_t}\mathrm{d}W_t + \left(\frac{\partial f}{\partial t} + \frac{1}{2}\frac{\partial^2 f}{\partial W_t^2}\right)\mathrm{d}t \tag{5-4}$$

在第三引理中，定义伊藤过程，又称扩散过程 $\{X_t\}$ 有以下特性，如式

(5－5) 和式 (5－6) 所示：

$$dX_t = f(X_t,\ t)dW_t + g(X_t,\ t)\ dt \tag{5-5}$$

$$dh = \frac{\partial h}{\partial X_t}f(X_t,\ t)dW_t + \left\{\frac{\partial h}{\partial t} + \frac{\partial h}{\partial X_t}g(X_t,\ t) + \frac{1}{2}\frac{\partial^2 h}{\partial X_t^2}[f(X_t,\ t)]^2\right\}dt \tag{5-6}$$

5.4 CCUS 投资激励机制研究

为了探究不确定性条件下激励企业投资 CCUS 项目的有效政策，各国学者做出了大量的研究和深入分析。由于国际碳市场价格的不确定性和随机波动，国外一些学者将实物期权模型运用到 CCUS 投融资问题研究中。1977 年，迈尔斯 (Myers，1977) 首次提及了实物产品市场投资和金融市场投资具有某种相似性，并指出投资实物时同样存在不可逆性和时间价值等期权性质，史无前例地提出了实物期权的概念[116]。1994 年，迪克西 (Dixit) 与平迪克 (Pindyck) 系统性地研究了实物期权方法在不确定条件下投资问题中的应用，归纳了实物期权的建立和求解方法，对不可逆性和等待的价值、分阶段投资管理中最佳进入时点等问题进行详细解答，对实物期权方法的应用给予了强大的理论支持[117]。谢卡尔 (Sekar，2005) 在研究常规粉煤 (PC) 发电、基础整体煤气化联合循环 (IGCC) 发电和有 CCS 前期投资 IGCC 发电三种煤电发电技术的投资问题时，评估了对二氧化碳捕集与封存的技术投资前后收益，结果表明在电价为不确定因素时，选择高新技术捕集二氧化碳将是有效减少温室气体排放的重要举措[118]。劳力卡 (Laurikka，2006) 考察了欧洲碳排放交易体系对投资 IGCC 的影响，并借鉴迪克西和平迪克实物期权方法分析排放配额、电价、燃料价格等变量因素，结果表明实物期权方法优于现金流折现估值法，能更有效地评价包含不确定因素的投资问题[119]。法斯 (Fuss，2010) 假设 CCS 投资技术进步服从 Poisson 过程，运用实验模拟方法分析了技术进步与燃料价格不确定时的 CCS 投资策略[120]。周等 (Zhou et al.，2010) 将实物期权方法运用于中国 CCS 投资决策分析，证明了 CCS 的经济价值，并改变潜在模型参数探讨了中国政府气候政策对于该技术投资过程最佳决策的影响[55]。格斯克等 (Geske et al.，2010) 采用蒙特卡洛模拟法并根据总投资决策的生产和利润结果获得最佳投资策略，结果表明政府对二氧化碳限额排放管制会使企业投资时更加重视二氧化碳交易价格，而且增进技术创新能避免因二氧化碳价格低而使 CCUS 无法获利的风险[121]。以上研究着重证明实物期权方法的优越性以及研究相关技术参数对投资策略的影响，缺乏多重不确定性政策下 CCUS 项目投资价值的分析。

中国学者在研究政策激励投资CCUS时主要考虑碳价、碳税、政府补贴因素。碳价是指碳交易主体在碳交易市场上对碳排放权进行交易时使用的单位价格。碳交易是CCUS项目投资利润的最重要来源，目前中国已有七个试点碳排放权交易所。碳税是指对直接排放二氧化碳的单位和个人所征收的税，2012年5月，国家发改委和财政部形成了“中国碳税税制框架设计”的专题报告，财政部和环保部分别对碳税税收制度和收税范围做出了解释，并给出了碳税预期单价。政府补贴是指政府对CCUS项目提供的一定比例资金投入，目前我国的大批示范性项目也确实依靠于国家政府资金支持，政府补贴作为开展CCUS项目的前期主要资金流入也就成了影响发电商投资决策的重要因素。基于以上不确定性因素，国内学者的研究思路主要分为两类，一是离散时间下的二叉树模型。其中张正泽（2010）以CCS项目投资净现值为基础，运用实物期权方法构建与CCS投资价值计算的二叉树和三叉树模型，选取PC电站和IGCC电站为基准电站，通过敏感性分析得出影响CCS投资价值的不确定性因素主要有二氧化碳排放权价格、电价和政府补贴[122]。刘佳佳（2014）在此基础上增加了投资成本、运营维修成本、碳税等因素，建立基于二叉树和三叉树方法的衍生模型，通过参数估计和情景分析，得出我国煤电系统应用CCUS技术的条件已基本成熟的结论[123]。二是连续时间状态下的微分方程建模。朱磊和范英（2011）在布莱克—斯科尔斯公式和蒙特卡洛模拟基础之上，建立CCS实物期权投资决策评价模型，分析了中国火电发电成本的不确定性、碳价格、发电量及投资成本因素[56]。张新华等（2012）在假定碳价格服从几何布朗运动，CCS技术进步服从Poisson过程基础上得到了投资阈值条件，并在投资个案不足的情况下，运用Monte Carlo方法模拟投资时点的柱状分布图，以考察投资时点与相关参数的关系[57]。朱磊和范英（2014）在其2011年研究基础上，用实物期权方法与蒙特卡洛模拟相结合进行建模，分别对可能影响企业投资CCS技术的因素如碳价格机制、研发补贴、发电补贴等进行了分析[62]。

本节结合中国国情，在政策因素中创新性地加入了清洁电价。清洁电价是指国家电网购买发电商通过CCUS项目产出的电力和电量，是发电商在接入主网架那一点的计量价格，这一价格高于上网电价。2011年11月，国家发展改革委出台燃煤发电机组试行脱硝电价政策，将北京市、天津市等14个省（区、市）符合国家政策要求的燃煤发电机组的上网电价在现行基础上每千瓦时加价8厘钱，用于补偿企业脱硝成本；2013年1月前后，《关于扩大脱硝电价政策试点范围有关问题的通知》规定将试点范围扩大为全国所有煤炭发电机组。清洁电价与脱硝电价均是为采用清洁发电技术的发电商提供补贴设立的，随着CCUS项目的推广、碳交易市场的完善以及节能减排的要求，清洁电价的实行将成为必然。因

此，本章研究的思路是在连续时间基础上，结合中国电价机制，综合考虑清洁电价、上网电价、碳税、政府补贴、碳排放权交易，运用实物期权模型求解在多重不确定因素下 CCUS 的投资临界碳价，并结合国际碳价与 CCUS 项目数据进行数值计算与分析。

5.4.1 模型建立

假设国际碳市场价格 C 服从几何布朗运动，如式（5 -7）所示：

$$dC = \alpha C dt + \sigma C dz \tag{5-7}$$

其中，α 是国际碳市场价格 C 的预期固定增长率，σ 是标准偏差，dz 是标准维纳过程增量。在风险中性概率测度下，r 表示无风险利率，令 $\delta = r - \alpha$，被称为便利收益率。

假设 q 为电力企业二氧化碳捕集量，投资时一次性补贴 θI，资金流入构成一是碳排放权交易获利，二是将减排二氧化碳节省的碳税看成一种资金流入，三是运用 CCUS 的电厂将电力输送至国家电网时因清洁发电量获取的清洁电价与上网电价的差额收益。

在 t 时刻 CCUS 投资未来能产生的增量利润包括国际碳市场交易的收益、碳税减免收益、清洁电价与传统上网电价的差额：

$$\pi(C) = \max[qC + q\tau + Q(P_q - P_s) - w] \tag{5-8}$$

其中，τ 是碳税税率，Q 是改造后电厂清洁发电量，P_q 是清洁电价，P_s 是上网电价。

记企业 CCUS 投资后价值为 $V(C)$。使用动态规划法，$V(C)$ 必须满足贝尔曼方程：

$$rV(C)dt = \pi dt + E[dV(C)] \tag{5-9}$$

式（5 -9）的经济含义是：在不存在套利的情况下，企业 CCUS 投资在 dt 时间段内所获得的预期总收益应等于当期回报或分红加上其预期的资本收益。在风险中性假定和金融市场均衡条件下，企业 CCUS 的总收益率等于无风险利率，当期回报为 πdt，期望资本收益为 $E[dV(C)]$，运用伊藤引理，由式（5 -9）得出企业 CCUS 投资后价值满足微分方程：

$$\frac{1}{2}\sigma^2 C^2 V_{CC} + (r - \delta) C V_C - rV + \pi(C) = 0 \tag{5-10}$$

当 $qC + q\tau + Q(P_q - P_s) < w$ 时，$\pi(C) = 0$，项目价值为：

$$V(C) = A_1 C^{\beta_1} + A_2 C^{\beta_2} \tag{5-11}$$

其中，β_1 和 β_2 分别为特征方程的两根：

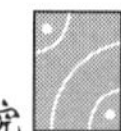

$$\beta_1 = \frac{1}{2} - \frac{r-\delta}{\sigma^2} + \sqrt{\left(\frac{1}{2} - \frac{r-\delta}{\sigma^2}\right)^2 + \frac{2r}{\sigma^2}} > 1 \tag{5-12}$$

$$\beta_2 = \frac{1}{2} - \frac{r-\delta}{\sigma^2} - \sqrt{\left(\frac{1}{2} - \frac{r-\delta}{\sigma^2}\right)^2 + \frac{2r}{\sigma^2}} < 0 \tag{5-13}$$

当 $qC + q\tau + Q(P_q - P_s) > w$ 时，项目价值为：

$$V(C) = B_1 C^{\beta_1} + B_2 C^{\beta_2} + \frac{qC}{\delta} + \frac{q\tau + Q(P_q - P_s) - w}{r} \tag{5-14}$$

首先分析 $qC + q\tau + Q(P_q - P_s) < w$ 的情况，根据迪克斯和平迪克（1994）相关研究可知，$V(0) = 0$，即当国际碳市场中碳价格为 0 时，CCUS 投资价值为 0，而当 $C \to 0$ 时，$C^{\beta_2} \to \infty$，因此 $A_2 = 0$；而在 $qC + q\tau + Q(P_q - P_s) > w$ 的区域，当 C 非常大时，项目价值应为零，因此 $B_1 = 0$。

综合两种情况，项目价值 $V(C)$ 可以表示为：

$$V(C) = \begin{cases} A_1 C^{\beta_1}, & qC + q\tau + Q(P_q - P_s) < w \\ B_2 C^{\beta_2} + \frac{qC}{\delta} + \frac{q\tau + Q(P_q - P_s) - w}{r}, & qC + q\tau + Q(P_q - P_s) > w \end{cases} \tag{5-15}$$

当 $qC + q\tau + Q(P_q - P_s) = w$ 时，项目价值应该相等，因此有：

$$A_1 C^{\beta_1} = B_2 C^{\beta_2} + \frac{qC}{\delta} + \frac{q\tau + Q(P_q - P_S) - w}{r} \tag{5-16}$$

一阶条件为：

$$\beta_1 A_1 C^{\beta_1 - 1} = \beta_2 B_2 C^{\beta_2 - 1} + \frac{q}{\delta} \tag{5-17}$$

求解得：

$$A_1 = \frac{q}{\beta_1 - \beta_2}\left(\frac{w - Q(P_q - P_s)}{q} - \tau\right)^{1-\beta_1}\left(\frac{\beta_2}{r} - \frac{\beta_2 - 1}{\delta}\right) \tag{5-18}$$

$$B_2 = \frac{q}{\beta_1 - \beta_2}\left(\frac{w - Q(P_q - P_s)}{q} - \tau\right)^{1-\beta_2}\left(\frac{\beta_1}{r} - \frac{\beta_1 - 1}{\delta}\right) \tag{5-19}$$

投资期权价值 $F(C)$ 满足微分方程：

$$\frac{1}{2}\sigma^2 C^2 F_{CC} + (r-\delta) C F_C - rF = 0 \tag{5-20}$$

$$F(C) = K_1 C^{\beta_1} + K_2 C^{\beta_2} \tag{5-21}$$

当 $C \to 0$ 时，根据几何布朗运动的性质，投资 CCUS 项目期权价值趋向于零，则有 $F(0) = 0$。当 $C \to 0$ 时，$C^{\beta_2} \to \infty$，因此得 $K_2 = 0$。

当 $qC + q\tau + Q(P_q - P_s) < I$ 时，企业不会进行 CCUS 投资。当 $qC + q\tau +$

$Q(P_q - P_s) > I$时，企业CCUS投资满足以下价值匹配和平滑粘贴条件：

$$F(C^*) = VC^* - (1-\theta)I \tag{5-22}$$

$$F'(C^*) = V'C^* \tag{5-23}$$

即：

$$K_1 C^{*\beta_1} = B_2 C^{*\beta_2} + \frac{qC^*}{\delta} + \frac{q\tau + Q(P_q - P_s) - w}{r} - (1-\theta)I \tag{5-24}$$

$$\beta_1 K_1 (C^*)^{\beta_1 - 1} = \beta_2 B_2 (C^*)^{\beta_2 - 1} + \frac{q}{\delta} \tag{5-25}$$

求解得企业CCUS投资临界C^*满足以下条件：

$$(\beta_1 - \beta_2) B_2 C^{*\beta_2} + \frac{(\beta_1 - 1) qC^*}{\delta} + \beta_1 \left[\frac{q\tau + Q(P_q - P_s) - w}{r} - (1-\theta)I \right] = 0 \tag{5-26}$$

$$K_1 = \frac{\beta_2}{\beta_1} B_2 C^{*\beta_2 - \beta_1} + \frac{q}{\delta\beta_1} C^{*1-\beta_1} \tag{5-27}$$

投资期权价值为：

$$F(C^*) = B_2 \frac{\beta_2}{\beta_1} C^{*\beta_2} + \frac{q}{\delta\beta_1} C^* \tag{5-28}$$

5.4.2 投资临界计算及分析

为了进一步利用模型探知各变量对投资临界碳价的影响，本节以典型案例为基础，将参数真实值代入方程求解，并画出关系图，从直观上把握投资决策如何受研究变量的影响，使模型的结论更加清楚易懂。由于CCUS技术水平要求高、投资需求大，在中国尚未普及，所以获取实际数据比较困难。为了解决这一问题，本节选取部分国际数据（如碳市场交易价格、CCUS投资成本）、部分同行业类比（CCUS清洁电价取脱硫电价），还有部分理论估计值（如二氧化碳年捕获量、无风险利率），力图选取具有行业代表性的项目数据，并以此作为政策制定的参照。

5.4.2.1 参数取值说明

（1）CCUS系统投资成本。

假设原排放主体为火力发电厂。参照中国CCUS示范项目经济分析部分的案例数据[62]，改造碳捕集、利用与封存装置，新增投资成本10.6亿元，清洁发电量为44000万千瓦时。

（2）CCUS系统运营成本。

项目建成投入使用后仍然需要额外投入资金维持其运行，并且由于使用捕集和存储二氧化碳的技术，必然导致其比一般电厂有更多的运营成本。一般来说，运营成本的大小与项目规模直接相关，因此假设它是项目投资的一定比例，并按照投资者要求的投资回报率全部折现，最终计算出系统运营成本为2.97亿元。

（3）捕获量。

假设在碳捕获系统100%捕集率下每年捕获180万吨二氧化碳。

（4）无风险利率。

通常做法是以短期国债票面利率代表无风险利率，本节选取2014年第二期凭证式国债，票面利率为3.60%。

（5）便利收益率。

利用前人研究[122]中的便利收益率取值，本书将其定为2%。

（6）国际碳市场交易价格。

利用"pointcarbon"碳交易数据估计的碳价波动率为14%。CDM市场平均价格为0.63欧元/吨，乘以2014年欧元对人民币平均汇率7.4815①，取近似为4.5元/吨，该价格将作为分析临界碳价 C^* 的参照。

（7）上网电价与清洁电价。

2013年9月，国家发展改革委将燃煤发电企业脱硝电价补偿标准由每千瓦时0.8分钱提高到1分钱；对烟尘排放浓度低于30毫克/立方米（重点地区20毫克/立方米）的燃煤发电企业实行每千瓦时2分钱的电价补偿。类比脱硝电价的补贴政策，本节将每千瓦时的清洁电价补贴取2分钱，基于2013年的平均上网电价为0.34元/千瓦时，设定清洁电价为0.36元/千瓦时。

（8）碳税税率。

本书参考2010年环保部规划院课题组建议的税率水平，将碳税税率定为20元/吨。考虑到低碳经济发展会引发更大力度的减排措施，本节将碳税税率设定为30元/吨。

（9）投资补贴比例。

本节将初始的投资补贴系数设为20%。

综上，模型参数与案例数据对照如表5.6所示。

虽然表5.6说明了方程参数取值，但在研究单一政策变量与临界碳价的函数关系时，对应变量的数值应看作是未知数，表5.6中的数值仅起到参照作用，方便计算和比较。

---

① 自国家外汇管理局官网查询可得。

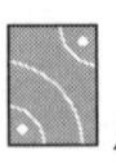

表 5.6　　参数取值对照表

参数符号	值	单位	说明
I	106000	万元	CCUS 系统增量投资
w	29700	万元	系统运营成本现值
q	180	万吨	二氧化碳捕集量
r	3.6	%	无风险报酬率
δ	2	%	便利收益率
σ	14	%	碳价波动率
Q	44000	万千瓦时	清洁发电量
P_q	0.36	元/千瓦时	清洁电价
P_s	0.34	元/千瓦时	上网电价
τ	30	元/吨	碳税税率
θ	20	%	政府投资补贴比例

5.4.2.2　政策变量与投资临界的关系探究

(1) 碳税税率 τ 与临界碳价 C^*。

将碳税税率 τ 看作是关于临界碳价 C^* 的函数，参照表 5.6 的参数，得到如图 5.7 所示关系。

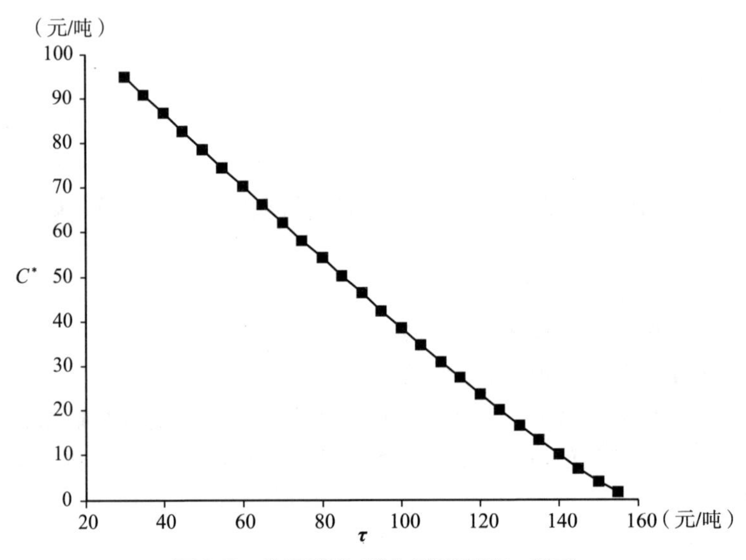

图 5.7　临界碳价 C^* 与碳税税率 τ 关系

根据式（5-26）求解 C^*，可得到图5.7。图5.7说明了 C^* 与 τ 的变化情况。当碳税税率增加时，投资临界碳价 C^* 相应降低。这说明当碳税税率升高时，发电厂投资CCUS将获得更多的碳税减免收益，相应地，投资期权的价值逐渐增加，临界碳价降低。从图5.7中可以看出，不考虑其他因素，在当前碳市场价格为4.5元/吨的条件下，碳税税率必须达到接近150元/吨，与2010年环保部规划院课题组建议的20元/吨的税率水平相距甚远，说明在目前条件下不具有促使企业立即投资建设CCUS设备的财务动机。国际碳税平均水平高于我国，起到的激励作用也更明显，因此政府有必要加大对碳排放征税力度，以赋予绿色能源企业在市场竞争中一定优势。国外征收碳税的实践取得了一定成功，中国政府也可借鉴国际经验，适当加大低碳产业的财政预算，扶持环保企业。

（2）投资补贴比例 θ 与临界期权价值 $F(C^*)$。

根据式（5-26）、式（5-28）可求得企业投资CCUS的实物期权价值 $F(C^*)$，补贴比例 θ 与期权价值 $F(C^*)$ 的关系如图5.8所示。图5.8反映出：政府投资补贴比例越高，企业投资CCUS的期权价值越大，且补贴比例的边际期权价值递增。这说明政府增加投资补贴能够激励以期权价值最大化为目标的企业投资CCUS项目，政府补贴的力度越大，激励企业投资CCUS的效果就越明显。

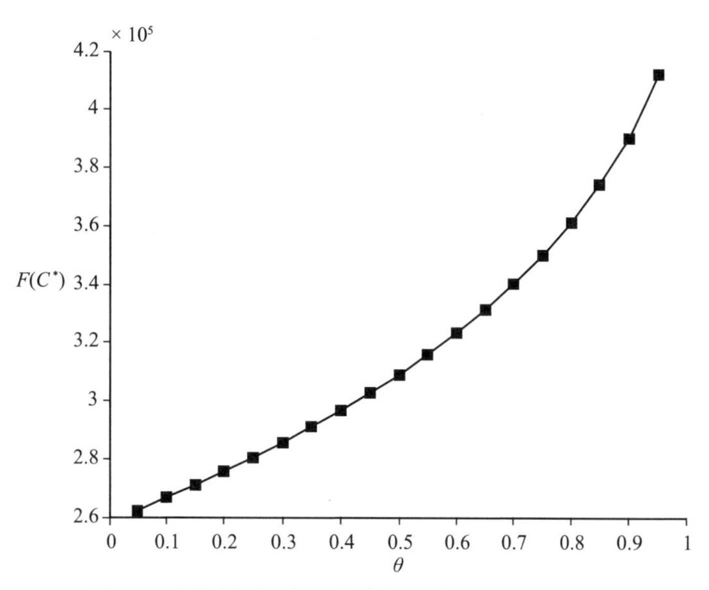

图5.8 投资补贴比例 θ 与期权价值 $F(C^*)$ 的关系

(3) 清洁电价 P_q 与临界碳价 C^*。

由于目前CCUS技术在我国的实践较少，本节以脱硝电价补贴预测CCUS清洁电价的补贴水平，如图5.9所示。

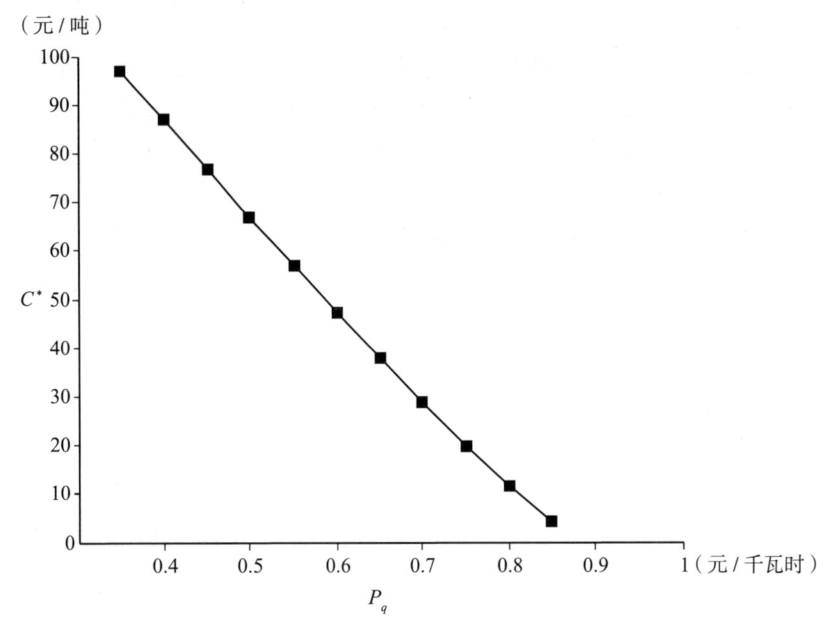

图5.9 清洁电价 P_q 与临界碳价 C^* 的关系

图5.9反映出清洁电价的投资激励效果十分明显，从0.34元/千瓦时的基准上网电价出发，每千瓦时清洁发电的补贴增加0.05元，投资临界碳价就能显著降低。不过必须考虑到发电基数巨大，即使每千瓦时补贴0.05元，对政府来说也是一笔巨大的支出，因此设定过高的清洁电价补贴难以符合实际。当临界碳价为碳市场交易价格4.5元/吨时，清洁电价达到0.85元/千瓦时的水平，显然实现难度过大。依据本部分模型，政府将清洁电价补贴提高到清洁电价0.36元/千瓦时，再配合其他补贴政策，方能有效激励CCUS投资。

图5.10反映出当碳价波动率 σ 分别取值0.08、0.14、0.20时清洁电价 P_q 与临界碳价 C^* 的关系，当清洁电价为0.4元/千瓦时时，对应的临界碳价 C^* 分别为100.10元/吨、86.88元/吨、75.84元/吨，说明碳价波动率越大，电厂的投资期权价值越高，从而做出投资决策时要求的临界碳价越低。

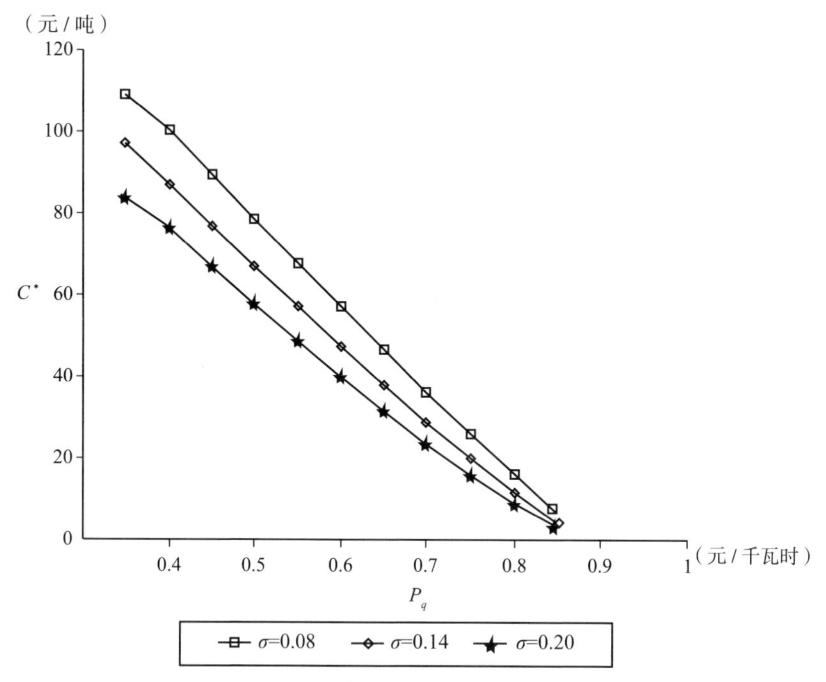

图 5.10　不同 σ 下清洁电价 P_q 与临界碳价 C^* 的关系

5.4.3　数值分析总结

该部分利用行业经验数据和估计设定模型参数的具体数值，方便解读前面复杂模型的内涵信息。通过数值仿真，分别对碳税税率和清洁电价在不同碳价波动率下的政策效果、投资补贴比例与投资临界碳价的关系进行了探讨。发现：

第一，提高碳税税率有助于降低临界碳价，但目前我国政府设定的碳税税率偏低，要使投资临界碳价降低至真实碳市场交易价格还需先大幅提高税率。

第二，投资补贴比例系数越高，投资 CCUS 的期权价值越高，政府补贴激励企业投资 CCUS 的效果越明显。

第三，清洁电价对临界碳价影响明显，清洁电价补贴每提高 0.05 元/千瓦时，临界碳价就会下降接近 10 元/吨。鉴于发电基数大，提高清洁电价的影响会被放大，不适宜提高过多，需要结合其他补贴政策激励投资。

第四，相同条件下碳价波动率越大，发电企业越倾向投资 CCUS。虽然投资风险增大，但考虑到现时碳价水平低，大波动率下更可能获利。

5.4.4 阶段性结论

CCUS 技术是目前国际最有效的二氧化碳减排技术，我国燃煤电厂投资 CCUS 改造项目对我国的低碳经济发展至关重要。目前我国处于 CCUS 技术发展的初期，面临投资与运用成本大、政府补贴政策尚不明确、国际碳市场交易风险大的问题。本节从发电商的角度，以实物期权的思想为基础，综合考虑碳税、投资补贴、清洁电价的投资激励政策，假设国际碳市场价格服从几何布朗运动，构建 CCUS 投资价值模型，并求得投资临界碳价。在数值仿真中代入实际项目的数据，基于历史碳价波动率，通过政策参数的变化，探究不同政策对投资临界碳价的影响，并与国际碳市场价格做比较，分析不同政策在现阶段的可行性以及激励力度；除此之外，分别探究碳价波动率在 0.08、0.14、0.20 时投资临界值的变化。研究结果的价值在于为我国电力企业衡量 CCUS 项目投资价值提供参考，同时，也为我国政府制定有效的激励政策提供依据。

通过研究发现，现阶段我国建设与运营 CCUS 项目的成本巨大，我国的碳市场交易机制尚未完善，若要激励企业投资 CCUS 项目，政府在未来必须加大投资激励政策力度，具体体现在三方面：

第一，出台碳税征收政策，针对传统燃煤发电企业征收碳税，并在未来加大征收额度，促使企业未来投资 CCUS 项目；

第二，提高政府补贴 CCUS 的比例，以国有资本推动项目建设投资，减轻企业融资压力，提高 CCUS 项目的期权价值；

第三，制定比脱硝电价补贴力度更大的 CCUS 发电清洁电价补贴，使企业在清洁发电收入与减少的传统发电收入的差值中获得利润。清洁电价的微小上升就会造成投资临界的大幅下降，因此政府在制定清洁电价时要考虑清洁发电量的基数，保证电力市场的稳定。

除此之外，未来碳价的波动率难以估计，与碳交易相关的虚拟货币、资本市场衍生品在我国发展滞后，因此中国发电企业在国际碳市场交易中的获益风险很大。图 5.10 显示，给定政策变量不变，在将碳交易价格波动率从 0.08 变为 0.14、再升至 0.20 的过程中，投资临界碳价均趋于降低，这说明现阶段碳价水平过低，高波动率下企业更有可能在高碳价下获利，企业会倾向于投资。我国应当加速与国际主要碳交易国家的合作，完善我国资本市场结构，为未来的碳交易奠定基础。

本 章 小 结

本章主要进行的是对 CCUS 投资激励机制的研究。首先介绍了目前 CCUS 项目的融资模式，并对其进行成本收益分析。其次简要分析了国内外碳交易市场的研究现状。再其次简单介绍了与 CCUS 投资相关的三大理论基础：净现值理论、实物期权理论和随机过程相关理论。最后结合中国电价机制，综合考虑清洁电价、上网电价、碳税、政府补贴、碳排放权交易，运用实物期权模型求解在多重不确定因素下 CCUS 的投资临界碳价，并结合国际碳价与 CCUS 项目数据进行数值计算与分析，指出政府在未来必须加大投资激励政策力度。

第 6 章

CCUS 项目封存场地选择

6.1 二氧化碳地质封存选址的一般流程及主要标准

6.1.1 二氧化碳地质封存场地筛选原则

在进行二氧化碳地质封存场地选择时，我们必须考虑诸多因素。总体来说，在进行场地筛选时应遵循的原则有封存量大原则、安全原则、经济原则以及符合一般建设项目环境保护选址条件，不受外部不良地质因素影响的原则[124]。

6.1.1.1 封存量大原则

从理论上来讲，封存量越大，单位二氧化碳的地质封存成本也就越低。因此，考虑到使用效率与投入的成本，在选址时，应尽量选择封存量较大的场地。

6.1.1.2 安全原则

根据近年来诸多学者在二氧化碳地质封存领域的研究成果，可以看出二氧化碳封存后的泄漏问题十分重要。虽然目前尚未有二氧化碳地质封存场地出现二氧化碳泄漏的现实报道，但这一问题仍受到各界的广泛关注。因此，在选择封存场地时，必须考虑到该地区的地质结构及发生二氧化碳泄漏的可能性，保证建设过程以及建成后该地区的安全。

6.1.1.3 经济原则

在进行二氧化碳地质封存时，要保证技术合理，方案可行，不能过多地消耗其他化石能源。因此，在进行场地选择时，要考虑到周围的基础设施，如水、

电、交通、通信等设施。还要考虑到二氧化碳产地的分布与规模及相隔距离，尽量减少运输所消耗的费用及燃料。同时，还要了解当地征地及建造设施的价格，以这些为标准来进行场地筛选。

6.1.1.4　符合建设项目环境保护选址条件的原则[124]

目前，我国将二氧化碳地质封存项目归入环保领域。同时，由于该项目存在建成后可能会发生的二氧化碳泄漏的风险，因此在进行厂址选择时必须符合一般建设项目环境保护选址条件，还要充分考虑到地质条件对该项目的影响。

6.1.2　二氧化碳地质封存选址的一般流程

由于二氧化碳地质封存选址需要综合考虑水文地质、政治、经济和社会等诸多要素，还要遵循各项评判标准，因此它必须使用系统的筛选过程。在筛选过程中，由评价系统确定每项标准所占权重，并依据各项标准的细则进行打分，最后根据总分排序来比较各个场地的优劣。

根据欧盟《碳捕集与封存指令》的规定，该筛选过程可分为三个步骤[124]：首先要收集备选的封存场地的各项详细信息；其次建立封存场地的 3D 静态地质模型；最后描述封存场地的动态特性，针对这些特性进行敏感性分析与风险评估，以此来论证在允许范围内的注入速度所能埋存的二氧化碳的确定值，并且不会因此带来无法容忍的重大影响[125]。

另外根据研究对象的规模，在进行场地筛选时，可以根据目前已有的数据进行初步筛选。此处可借鉴两阶段筛选法[125]。先分析盆地的地质构造、地层与储盖组合、地质安全性、社会环境条件和经济条件等，然后分析封存靶区内开展地质封存场地选址的可行性。

筛选流程如图 6.1 所示。

6.1.3　二氧化碳地质封存选址的主要标准

在进行二氧化碳地质封存场地选择时，所参照的主要标准一般可分为两类：一类是排除标准，另一类是适宜性条件。当备选场地一旦符合某一排除标准时，该场地则无须再纳入考虑范围之内。例如军事禁区、自然保护区、高密度居民区等就不适合作为备选场地。而适宜性条件则是评估保留下来的备选场地，将它们按优先顺序进行排序，为最后的选址提供参考。例如当地的交通、水电、资源等条件。

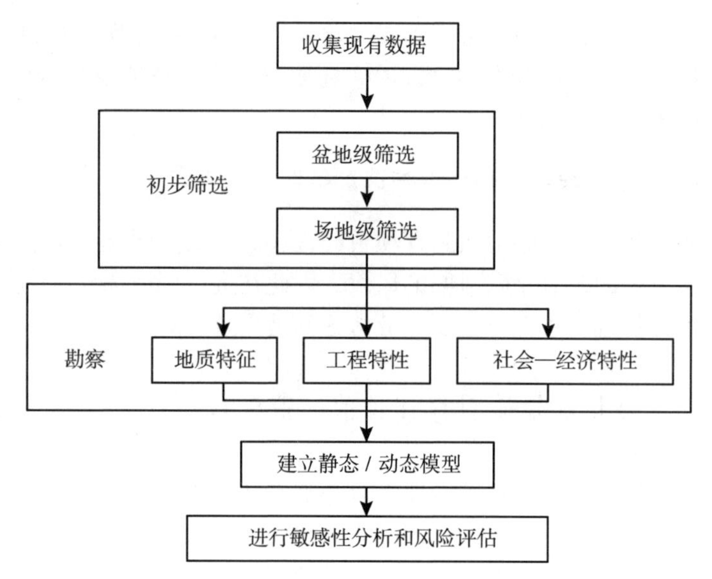

图 6.1　CCUS 项目封存场地筛选流程图

资料来源：孙亮、陈文颖：《CO_2 地质封存选址标准研究》，载《生态经济》2012 年第 7 期。

具体来说，二氧化碳地质封存选址的标准可划分为三个方面：地质特征、工程特性和社会—经济特性[125]。就地质特征而言，要考虑备选场地所处地区的盆地深度、地层压力、是否有明显断层、煤田分布、容量和注入率等诸多标准。而就工程特性而言，要考虑到备选场地的基础设施、与 CO_2 排放源的距离、场地现状和钻井密度等标准。社会—经济特性就是要考虑当地居民密度、所需耗费的运输成本、对周围的影响和征地难易程度等标准。

6.2　地质封存场地特征

适宜二氧化碳地质封存的场地选择有很多，目前应用较广的有深部咸水层、油气藏和不可开采的煤层。其中深部咸水层的封存潜力最大，油气藏次之，不可开采的煤层的封存潜力较小。本节将深入分析满足二氧化碳地质封存场地选址要求的这三种媒质所具备的特征。

6.2.1　深部咸水层

本节所指的深部咸水层是适合封存二氧化碳的地下咸水层，它是在一定深度

下被微咸或半咸的水填充的具有高孔渗透性的岩层。目前世界上最成功的二氧化碳咸水层封存项目是挪威的斯莱普（Sleipner）项目，该项目每年向特西拉（Utsira）储层注入约 1×10^6 吨二氧化碳[125]。

6.2.1.1 地质条件

一般来说，最佳的存储深度为地表以下800米。在这个深度以下，当温度高于31.1℃、压力大于7.38MPa时，二氧化碳呈超临界流体状态，可储存于地下。为降低二氧化碳泄漏的可能性，所选场地必须处于地质构造稳定、地质运动不频繁的地带。

6.2.1.2 盖层

盖层位于储层之上，防止封存于储层中的二氧化碳渗透和散逸到低渗透层。同时，必须允许地下咸水体可以自由通过，从而使注入的二氧化碳得到置换空间。这主要取决于盖层中泥沙的含量。此外，盖层必须有很好的抗压能力，它必须能够承受注入二氧化碳时产生的最大压力。因此，所选的盖层分布要有连续性，有良好的稳定性，单层厚度大于2.5米，累积厚度大于50米，同时泥沙比在50%以上。

6.2.1.3 储层

就储层材质而言，一般来说最适合二氧化碳地质封存的是砂岩或碳酸盐岩。这主要是由于它们的空隙和裂缝发育较好，容易形成咸水层。相较于薄层而言，厚储层不管是从注入方式还是封存量上考虑都更胜一筹。根据相关学者的研究成果可知，适合储存二氧化碳的地下咸水体，厚度不应小于50米，孔隙度应大于20%，渗透系数应大于500m/d[125]。

6.2.2 油气藏

通常来说，用来封存二氧化碳的油田有两种：一种是完全废弃的油田，仅利用原始储油层来封存二氧化碳，不会带来额外的收益；另一种是仍处于开采阶段的油田，可以采用 CO_2 - EOR技术，通过注入二氧化碳来提高采油率，从而带来额外收益[125]。

6.2.2.1 废弃油气藏

废弃的油气藏是指已经进行过三采，不会再带来经济开采效益的油气藏。对于废弃油气藏来说，原有储层的各项参数齐全，之前开采所用到的各种设施和部

分气井仍可再用于二氧化碳的封存，因此废弃油气藏是封存二氧化碳的重要场地。二氧化碳注入可以填充经开采后油田内的亏空体积，在一定程度上也保证了地质结构的稳定。注入二氧化碳后，当地层压力恢复到开采前的原始压力时，此时容纳的二氧化碳即为该油气藏的封存量[125]。

虽然废弃油气藏的各项数据在开采前均已记录在案，但还需要对该油田的储层的沉积类型（碎屑岩或碳酸盐岩）、深度、厚度、三维几何形态和完整性重新进行评价，以便正确地评估该油气藏的二氧化碳封存潜力。

6.2.2.2 开采中的油气藏

根据我国 CCUS 技术的发展现状来看，利用开采中的油气藏封存二氧化碳并应用 CO_2 - EOR 目前仍是二氧化碳封存的特殊情况。除了考虑该方法是否能带来附加收益外，还需要考虑其他参数进而选择适合通过注入二氧化碳来提高采油率的油气藏。比如原油黏度与密度、储层结构、温度、压力、孔隙度等[125]。

6.2.3 不可开采的煤层

目前煤炭仍在我国的能源结构中占主要地位，因此只能选择不经济的煤田来封存二氧化碳。然而目前对于“不经济的煤田”还没有统一确定的标准，需要考虑该煤田的具体条件。现在可以考虑用来封存二氧化碳的煤层主要有因技术或经济原因弃采的薄煤层、超过终采线的深部煤层和构造破坏严重的煤层[125]。

在筛选适合封存二氧化碳的煤层时，需要考虑多项因素：煤质等级、煤层渗透率、煤层深度、含水饱和度以及含气饱和度。具体要求如表 6.1 所示。

表 6.1　适合封存二氧化碳煤层的要求

指标种类	具体要求
煤质等级	同一深度相同压力下，就含气量而言，褐煤 < 次烟煤 < 烟煤 < 无烟煤。但由于无烟煤经济价值较高，因此一般选择烟煤或次烟煤
煤层渗透率	为保证注入，渗透率至少需要 1m/d
煤层深度	为了同时保证封闭性和渗透性，所选煤层不应太浅也不能太深。目前这一点还没有达成统一标准：在巴楚（Bachu）的研究认为封存二氧化碳的煤层埋深限制在 1000 ~ 1500 米，沈平平等认为煤层埋深的范围为 300 ~ 1500 米，CO_2 - CRC 推荐的可用于二氧化碳封存的煤层埋深为 800 ~ 3500 米
含水饱和度	二氧化碳封存之前要对煤层进行脱水，因此含水饱和度低的煤层相对更好
含气饱和度	考虑到替换出来的甲烷具有经济价值，因此含气饱和度高的煤层更有优势

资料来源：孙亮、陈文颖：《CO_2 地质封存选址标准研究》，载《生态经济》2012 年第 7 期。

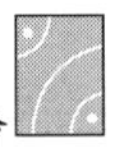

除上述指标外，在筛选备选煤田时，还要考虑技术可行性、经济合理性、法律法规等因素。由于在注入二氧化碳时需要大量的基础设施，在收集置换出的甲烷时也需要各种专业设备。这些也需要考虑在内。

6.3 封存场地潜力和适宜性评估

考虑到我国沉积盆地复杂的沉积背景，借鉴碳封存领导人论坛（CSLF）已开展的二氧化碳地质储存研究成果以及国内外研究成果，将我国二氧化碳地质储存潜力与适宜性评价工作划分为五个阶段，即国家级、盆地级、目标区级、场地级、灌注级潜力评级标准，如表 6.2 所示。

表 6.2 二氧化碳地质储存潜力与适宜性评价阶段划分

阶段	潜力级别	等级	执行机构
国家级	预测潜力	E	政府机构
盆地级	推测潜力	D	
目标区级	控制潜力	C	企业公司或科研机构
场地级	基础储存量	B	
灌注级	工程储存量	A	

资料来源：范基姣，贾小丰，张森琦，郭建强，金晓琳，刁玉杰，李旭峰，张徽：《CO_2 地质储存潜力与适宜性评价方法及初步评价》，载《水文地质工程地质》2011 年第 6 期。

由于各个二氧化碳地质封存项目的需求不同，因此不同级别的潜力与适宜性也需要由不同的机构来完成。国家级别和盆地级别评估要从国家层面上考虑，由政府负责；目标区级别、场地级别和灌注级别评估由筛选、设计和建设二氧化碳地质储存场地的企业公司或科研机构来完成。

按潜力评价精度由低到高，依次分成二氧化碳地质储存潜力与适宜性评价国家级（E）、盆地级（D）、目标区级（C）、场地级（B）、灌注级（A）。区域级潜力评价是初步筛选全国的各个盆地，淘汰不适宜二氧化碳地质储存的盆地；盆地级潜力评价则是评价各个盆地的一、二级构造单元，作为宏观二氧化碳地质封存场地选择的依据；目标区级潜力评价是对各个盆地的三级构造单元进行评价，从各个盆地中找出适合封存二氧化碳的区域；场地级潜力评价是对具体的各个场地进行评价，查明场地是否具备二氧化碳地质封存条件，并进一步计算场地级二氧化碳地质储量；灌注级潜力评价则是在场地级基础储存量评价的基础上，进行二氧化碳灌注工程的长期监测，评估场地二氧化碳灌注量和场地风险，确保无重大风险后得到场地级工程储存量[126]。

6.4 基于模糊证据理论的CCUS项目封存场地选择

在二氧化碳地质封存场地选择时，存在着各种各样不能预先确定的内部或外部影响因素，如果不能进行科学的分析与管理，其中的不利因素就可能会导致整个项目的失败，对生态环境、人类造成巨大的灾害性的影响。在对二氧化碳封存场地进行选择的过程中，人们往往很难获取大量的先验概率信息，常常借助于评价者的经验信息，而这些信息可能是模糊的、不精确的、不完全的，而证据理论是处理不确定信息融合的有力工具，将模糊集和证据理论相结合进行二氧化碳封存场地选择是非常必要和符合实际情况的。通过识别二氧化碳地质封存场地选择影响因素，揭示二氧化碳地质封存项目场地选择的关键要素，在专家评判的基础上，再利用证据理论进行专家评价信息融合，从而为今后二氧化碳地质封存项目选择理想的封存场地提供理论支撑。国内二氧化碳封存场地选择的研究尚处于起步阶段。郭建强等（2011）研究了深部咸水层二氧化碳地质储存工程场地选址的技术方法，在综合考虑技术、地质安全性、经济、地面场地环境保护条件等封存场地选择影响因素的基础上，采用多因子排序综合评价法选择最佳二氧化碳储存场地[127]。孙亮和陈文颖（2012）对二氧化碳地质封存选址标准进行研究，选址标准可分为地质、工程和社会—经济特性[125]。李伟和张宏图（2013）基于证据理论研究碳存储选址方法，采用政策机制指标、人文风俗指标和可持续发展指标选择最佳存储地址[128]。

6.4.1 二氧化碳地质封存场地选择影响因素识别

一般而言，二氧化碳可能有以下几种泄漏的途径，主要包括通过低渗透率的盖层（例如页岩）的岩石空隙泄漏，通过不整合面或岩石空隙横向移动泄漏，通过盖层的裂隙、断裂或者地质断层泄漏或通过人为因素导致的途径，例如未进行完整密封的钻井或者废弃油井等泄漏等[129]。封存大量的二氧化碳于地下，一旦泄漏，会对人类、生态环境、地下水和浅层地表均造成巨大的影响。

6.4.1.1 二氧化碳泄漏的影响分析

（1）对人类健康和生态系统的影响。

二氧化碳在正常情况下是无色、无臭的气体，不易被人类察觉，密度比空气

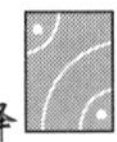

大[9]。虽然二氧化碳是无毒的，但它仍有造成重大事故的可能性。当空气中二氧化碳的浓度达到3%时，几个小时的接触就会影响人体呼吸系统；当其浓度增加到7%时，会导致人们在几分钟内无意识；而当人们暴露于17%浓度的二氧化碳时，会导致其昏迷和死亡[130]。自然界曾发生过几次大规模天然二氧化碳气体泄漏现象，说明了高浓度二氧化碳气体的危害性。如发生在1986年的喀麦隆的尼奥斯（Nyos）火山口湖的大规模二氧化碳天然气体喷发事故和美国加州猛犸象（Mammoth）山地下岩层中的天然二氧化碳泄漏事件[10]，均对人类和周围的生态系统造成了恶劣影响。

（2）对地下水的影响。

将二氧化碳注入地下深部适宜的地层中后，二氧化碳将呈超临界状态。在这种状态下，二氧化碳和地层水的高密度差将会使二氧化碳被推到盖层的底部。只要排斥力大于二氧化碳的压力，二氧化碳就不能渗入盖层[19]。但是在大量超临界二氧化碳流体浮力和孔隙流体压力的作用下，二氧化碳有可能从目标储集层逃逸到淡水含水层及盖层，从而导致地下水污染，会影响居民饮用水源的安全[10]。

（3）对浅层地表的影响。

随着二氧化碳的大量注入，由于与地层水的高密度差使得二氧化碳流体向上移动，导致盖层的负荷压增加，如果注入压力超过地层压力，可能引起盖层岩体裂纹扩展和断层活化，甚至会诱发地震[19]。如果注入的二氧化碳含水，有可能腐蚀岩石结构，会使储层岩石溶解，导致地面沉降[10]。

6.4.1.2　二氧化碳地质封存场地选择关键因素

综合以上二氧化碳泄漏对人类生态环境、地下水和浅层地表的影响，确定以下几方面为二氧化碳地质封存场地选择关键因素，主要包括盖层岩性、盖层厚度、与固定居民点的距离、与饮用水源地的距离、场地地震安全性、周围是否有其他钻井或废弃井、地面地质条件、井筒泄漏等方面。

6.4.2　基于模糊证据理论的二氧化碳地质封存场地选择模型

根据以上分析，由于二氧化碳地质封存与诸多方面因素有关，这使得二氧化碳地质封存场地选择是非常困难和复杂的。二氧化碳封存场地选择具有很大的不确定性，同时也是难以量化的，而模糊集和证据理论是用来处理不确定性问题的有力分析工具，可以采用模糊语言来评价二氧化碳的泄漏风险，并通过一定的方法将其转化为证据，然后利用证据理论对评价信息进行融合，通过对备选二氧化碳封存场地安全风险进行综合评价，从而选择理想的封存场地。

6.4.2.1 证据理论基础知识

二氧化碳地质封存项目安全风险评价具有不确定性决策的特性，而证据理论是融合不确定信息的有效途径[131]，其登普斯特（Dempster）组合规则可以对个体决策者的决策信息进行有效集结。以下为证据理论基本概念。

定义1[132]设Θ为识别框架，如果集函数 m：$2^{\Theta}\to[0,1]$（2^{Θ} 为 Θ 的幂集），且满足 $m(\varnothing)=0$ 和 $\sum_{A\subseteq\Theta}m(A)=1$，则称函数 m 为 Θ 上的基本可信度分配，也称 mass 函数。若 $m(A)>0$，则称 A 为焦元。

定义2[132]设 m_1，m_2，…，m_n 为同一识别框架 Θ 上的 n 个基本可信度分配，则 n 个证据的 Dempster 组合规则为：

$$m(A)=\begin{cases}0, & A=\varnothing\\ \dfrac{\sum\limits_{\substack{A_1,A_2,\cdots,A_n\subseteq\Theta\\ A_1\cap A_2\cap\cdots\cap A_n=A}}m_1(A_1)m_2(A_2)\cdots m_n(A_n)}{1-k}, & A\neq\varnothing\end{cases}\tag{6-1}$$

在式（6-1）中，$k=\sum\limits_{\substack{A_1,A_2,\cdots,A_n\subseteq\Theta\\ A_1\cap A_2\cap\cdots\cap A_n=\varnothing}}m_1(A_1)m_2(A_2)\cdots m_n(A_n)$ 被称为冲突系数，反映了两证据间冲突大小。合成结果 $m(A)$ 反映了 m_1，m_2，…，m_n 对应证据对命题 A 的联合支持程度。

定义3[133]假设 Θ 为一个包含 N 个两两不同的命题的完备辨识框架，m_1 和 m_2 是来自辨识框架 Θ 的两个基本概率分配函数，则 m_1 和 m_2 之间的 Jousselme 距离可定义为：

$$d_{BPA}(m_1,\ m_2)=\sqrt{\frac{1}{2}(\vec{m}_1-\vec{m}_2)^T\underline{\underline{D}}(\vec{m}_1-\vec{m}_2)}\tag{6-2}$$

在式（6-2）中，$\vec{m}_1$ 和 $\vec{m}_2$ 是 mass 函数的向量形式，$\underline{\underline{D}}$ 是 $2^N\times2^N$ 的相似性度量矩阵，其元素为：

$$D(A,\ B)=\frac{|A\cap B|}{|A\cup B|}A,\ B\subseteq2^{\Theta}\tag{6-3}$$

定义4[134]设 m 为 Θ 上的基本可信度分配，则 Pignistic 概率函数 $BetP_m$：$2^{\Theta}\to[0,1]$ 为：

$$BetP_m(\omega)=\sum_{A\subseteq\Theta,\omega\in A}\frac{1}{|A|}\frac{m(A)}{1-m(\varnothing)},\ \forall\omega\in\Theta\tag{6-4}$$

其中，$|A|$ 为子集 A 的基数，即集合 A 中包含的元素数目。$BetP_m$ 描述基本可信度赋值 m 对幂集 2^{Θ} 上各个命题子集的支持程度。

6.4.2.2 二氧化碳地质封存场地选择专家权重的确定

在二氧化碳地质封存场地选择模型中，由于二氧化碳泄漏风险的复杂性及不确定性，一般会邀请多位专家对多个目标封存场地进行综合评价，从而选出理想的封存场地。由于涉及的因素比较多，各位评价专家和各个评价因素的重要性程度是不同的，设封存地集合为 $A=\{A_i, i=1, 2, \cdots, m\}$，评价属性集为 $C=\{c_j, j=1, 2, \cdots, n\}$，专家集为 $D=\{d_k, k=1, 2, \cdots, p\}$，属性权重记为 w_j，专家权重记为 λ_k。

由于决策问题的复杂性和个人认知程度的不同，专家所提供的评价信息在形式和内容上都可能是有差异的，本书考虑通过使用 Jousselme 距离来度量证据冲突，利用专家提供的证据来确定专家权重，再对修正后的专家意见进行集结。

基于 Jousselme 距离确定的专家权重 λ_k 计算方法如下。

假设在证据合成过程中 k 个不同专家同时提供证据，其证据集为 $E=\{E_k, k=1, 2, \cdots, p\}$。根据已有文献[135][136]可知，令 $\underline{m}^k[\underline{m}^k(A_1), \underline{m}^k(A_2), \cdots, \underline{m}^k(A_m)]$ 是基本概率分配函数，$\underline{m}^k(A_i)(i=1, 2, \cdots, m)$ 将任意 $\underline{m}^q$ 和 $\underline{m}^t$ 之间的 Jousselme 距离定义为：

$$\mathrm{d}(\underline{m}^q, \underline{m}^t) = \sqrt{\frac{1}{2}([M^q, M^q]+[M^t, M^t]-2[M^q, M^t])} \tag{6-5}$$

定义 $\underline{m}^q$ 和 $\underline{m}^t$ 之间的相似性测度为：

$$s(\underline{m}^q, \underline{m}^t)=1-\mathrm{d}(\underline{m}^q, \underline{m}^t) \quad (q, t=1, 2, \cdots, p) \tag{6-6}$$

这样可以形成一个证据相似性矩阵 $S_E=[s(\underline{m}^q, \underline{m}^t)]_{p\times p}$。

显然两个证据体之间的距离越小，它们的相似性程度就越大，该专家的意见被其他专家所支持的程度就越大，所以该专家权重系数就较大。设证据体 $\underline{m}^k$ 的支持度为 $\mathrm{Sup}(\underline{m}^k)$，则 $\mathrm{Sup}(\underline{m}^k)$ 的计算公式如下所示：

$$Sup(\underline{m}^k) = \sum_{t=1, t\neq k}^{p} s(\underline{m}^k, \underline{m}^t) \quad (k=1, 2, \cdots, p) \tag{6-7}$$

证据体的支持度 $Sup(\underline{m}^k)$ 反映的是 $\underline{m}^k$ 被其他证据所支持的程度，它是相似性测度的函数。将支持度归一化后就得到可信度，可信度反映的是一个证据的可信程度，其计算公式如下所示：

$$crd(\underline{m}^k) = Sup(\underline{m}^k)/\sum_{t=1}^{p} Sup(\underline{m}^t) \quad (k=1, 2, \cdots, p) \tag{6-8}$$

可以看出 $\sum_{k=1}^{p} crd(\underline{m}^k) = 1$。

可信度可以看作是决策者 D^k 提供证据 $\underline{m}^k$ 的重要性权重，设第 k 个决策者 D^k 的权重向量为 $\Lambda=(\lambda_1, \lambda_2, \cdots, \lambda_p)^T$，则 λ_k 可以表示为：

$$\lambda_k = crd(\underline{m}^k) = Sup(\underline{m}^k) / \sum_{t=1}^{p} Sup(\underline{m}^t) \quad (k=1, 2, \cdots, p) \tag{6-9}$$

6.4.2.3 二氧化碳地质封存场所选择步骤

由于证据理论本身存在着制约其发展的诸多问题，特别是基于 Dempster 组合规则有时会引发一系列反直观结果问题，如扎德（Zadeh）悖论[137]，因此近年来众多学者对传统组合方法进行改进，本章以证据距离为基础确定评价者权重，并对专家评价信息进行修正[135][136]，从而融合不同专家信息，进行二氧化碳地质封存场地选择。

基于模糊证据理论的二氧化碳地质封存场地选择包括以下六个步骤。

第一步[138]，设地质封存场地备选方案集为 $A=\{A_i, i=1, 2, \cdots, m\}$，评价属性集为 $C=\{c_j, j=1, 2, \cdots, n\}$，专家集为 $D=\{d_k, k=1, 2, \cdots, p\}$，由决策者对各封存场地的地质封存风险进行评价，$R^k=(a_{ij}^k)_{m\times n}$，$a_{ij}^k$的表达形式是模糊语言变量，可以利用表 6.3 将其转化为三角模糊数形式。

表 6.3　　模糊语言形式转化为三角模糊数

模糊语言术语	三角模糊数
非常低（VL）	(0, 0.1, 0.3)
低（L）	(0.1, 0.3, 0.5)
中（M）	(0.3, 0.5, 0.7)
高（H）	(0.5, 0.7, 0.9)
非常高（VH）	(0.7, 0.9, 1.0)

资料来源：Herman Akdag, Turgay Kalaycl, Suat Karagöz, Haluk Zülfikar, Deniz Giz. The evaluation of hospital service quality by fuzzy MCDM, Applied Soft Computing, Vol. 23, October 2014, pp. 239 – 248.

假设 $\tilde{A}=(a, b, c)$，是三角模糊数，则可以利用式（6 – 10）进行去模糊化处理[139]。

$$P(\tilde{A}) = \frac{1}{6}(a+4b+c) \tag{6-10}$$

第二步，确定单个专家的 mass 函数。在多属性决策中，依据 TOPSIS 的原理，很容易确定一个属性的正理想方案和负理想方案，可以将正理想方案（IS）和负理想方案（NS）构成的集合看作识别框架，即 $\Theta=\{IS, NS\}$。同样很容易确定一个

方案到正理想方案和负理想方案的距离，进而生成基本概率分配函数 BPA[140]。

第三步，由 AHP 法确定每个决策者关于参评者不同属性的属性权重 w_j^k。

第四步，针对每个专家，对每个方案的所有属性进行证据合成。基于“折扣率”思想，利用属性权重对 mass 函数进行修正。鉴于 $w_{\max}^k = \max(w_1^k, w_2^k, \cdots, w_n^k)$，由此可确定不同属性证据的基本可信度分配值的“折扣率”为 $\alpha_j^k = w_j^k / w_{\max}^k$。在此基础上使用 Dempster 组合规则对所有属性进行证据融合。

第五步，用周氏（Jousselme）距离表示证据的冲突度，根据式（6-5）至式（6-9），确定决策者权重 λ_k。

第六步，根据决策者权重对不同专家的评价信息进行加权平均，当存在 k 个专家证据时，再用 Dempster 组合规则融合加权平均后的证据 $k-1$ 次[125]，最后根据融合后的信息对封存场地进行排序和优选。

6.4.3　基于模糊证据理论的二氧化碳地质封存场地选择模型应用

假设拟为某 CCUS 项目选择理想的二氧化碳地质封存场地，经过初步预选，有五个封存场地目标区 A_1、A_2、A_3、A_4 和 A_5，其储藏介质均是深部含水咸水层。邀请国内相关领域的专家对封存目标区的 8 个不同方面进行了详细考察，主要包括盖层岩性（c_1）、盖层厚度（c_2）、与固定居民点的距离（c_3）、与饮用水源地的距离（c_4）、场地地震安全性（c_5）、周围是否有其他钻井或废弃井（c_6）、地面地质条件（c_7）、井筒泄漏（c_8），专家习惯用模糊语言形式来评价封存场地的各个子因素，可以采用表 6.3 中的转换方法将其转化为三角模糊数来表示。参与二氧化碳地质封存场所选择的专家共 3 人，分别为 d_1、d_2 和 d_3。专家经过若干轮讨论后，分别给出对封存场地目标区的评价信息，如表 6.4 所示。

表 6.4　专家 d_1、d_2 和 d_3 给出的语言评价信息

专家	封存场地	c_1	c_2	c_3	c_4	c_5	c_6	c_7	c_8
d_1	A_1	H	M	M	L	M	L	H	VH
	A_2	M	H	M	M	H	H	VH	L
	A_3	M	VH	H	H	M	H	M	M
	A_4	VL	M	VL	VH	L	VH	H	H
	A_5	H	L	M	M	VL	M	M	M

续表

专家	封存场地	c_1	c_2	c_3	c_4	c_5	c_6	c_7	c_8
d_2	A_1	M	M	M	M	M	L	H	M
	A_2	M	H	H	VH	VH	M	VH	L
	A_3	H	H	M	M	M	H	H	VH
	A_4	M	VH	L	H	H	H	M	H
	A_5	VL	L	H	H	L	VH	M	H
d_3	A_1	VH	VL	M	M	M	L	H	M
	A_2	M	M	H	VH	H	VH	H	L
	A_3	H	H	M	M	VH	M	M	H
	A_4	M	VH	L	H	L	H	M	M
	A_5	H	L	VL	M	M	H	M	VH

第一步，采用表6.3中的转化方法，将表6.4中专家给出的模糊语言变量均转化为相应的三角模糊数，并利用式（6-10）进行去模糊化处理。

第二步，确定每个评价信息的基本概率分配。例如，专家1关于属性因素1给出的语言评语是H，将其转化为三角模糊数形式为（0.5，0.7，0.9），去模糊化后变为0.7，专家1关于因素1的所有评价信息中，正理想解是H，负理想解是VL，去模糊化后正理想解是0.7，负理想解是0.1167，可以计算评语H到正、负理想解及其中点的距离，如下所示，进而确定基本概率分配函数。

$$d_{11}(IS) = |0.7-0.7| = 0$$

$$d_{11}(NS) = |0.7-0.1167| = 0.5833$$

$$d_{11}(IS, NS) = \left|0.7-\frac{0.7+0.1167}{2}\right| = 0.2917$$

$$m_{11}(IS) = \frac{d_{11}(NS)}{d_{11}(IS)+d_{11}(NS)+d_{11}(IS, NS)} = \frac{0.5833}{0+0.5833+0.2917} = 0.6667$$

$$m_{11}(NS) = \frac{d_{11}(IS)}{d_{11}(IS)+d_{11}(NS)+d_{11}(IS, NS)} = \frac{0}{0+0.5833+0.2917} = 0$$

$$m_{11}(IS, NS) = \frac{d_{11}(IS, NS)}{d_{11}(IS)+d_{11}(NS)+d_{11}(IS, NS)} = \frac{0.2917}{0+0.5833+0.2917} = 0.3333$$

第三步，根据AHP法确定属性权重。

假设决策者给出的封存场地8个不同属性两两比较判断矩阵为：

$$\begin{pmatrix} 1 & 2 & 2 & 3 & 4 & 3 & 5 & 4 \\ 1/2 & 1 & 2 & 3 & 4 & 3 & 5 & 4 \\ 1/2 & 1/2 & 1 & 3 & 5 & 2 & 6 & 4 \\ 1/3 & 1/3 & 1/3 & 1 & 3 & 1/2 & 4 & 2 \\ 1/4 & 1/4 & 1/5 & 1/3 & 1 & 1/4 & 2 & 1/3 \\ 1/3 & 1/3 & 1/2 & 2 & 4 & 1 & 3 & 2 \\ 1/5 & 1/5 & 1/6 & 1/4 & 1/2 & 1/3 & 1 & 1/2 \\ 1/4 & 1/4 & 1/4 & 1/2 & 3 & 1/2 & 2 & 1 \end{pmatrix}$$

该矩阵最大特征根为 $\lambda_{max} = 8.4220$，一致性比率 $CR < 0.1$，通过一致性检验，求解属性权重为（0.2621，0.2179，0.1834，0.0900，0.0421，0.1094，0.0326，0.0625）。

第四步，利用属性权重进行证据修正，并对修正后的证据进行合成，融合后的证据如表 6.5 所示。

表 6.5　　封存场地地区因素融合后的评价信息

封存场地	d_1			d_2			d_3		
	$m(IS)$	$m(NS)$	$m(IS, NS)$	$m(IS)$	$m(NS)$	$m(IS, NS)$	$m(IS)$	$m(NS)$	$m(IS, NS)$
A_1	0.6437	0.3131	0.0432	0.3527	0.6331	0.0142	0.4512	0.4798	0.0690
A_2	0.5210	0.2453	0.0174	0.7275	0.2099	0.0279	0.6601	0.4042	0.0987
A_3	0.8884	0.0919	0.0197	0.8181	0.1549	0.0270	0.6430	0.3537	0.0033
A_4	0.6146	0.3274	0.0581	0.8182	0.1671	0.0147	0.4409	0.5003	0.0588
A_5	0.4816	0.4578	0.0606	0.2055	0.7224	0.0721	0.2410	0.7551	0.0039

第五步，用 Jousselme 距离表示证据的冲突度，根据式（6-5）至式（6-9），得到决策者 D^k 的权重 λ_k。

对于封存地 A_1，专家权重分别为：（0.3181，0.3276，0.3543）；

对于封存地 A_2，专家权重分别为：（0.3334，0.3343，0.3323）；

对于封存地 A_3，专家权重分别为：（0.3373，0.3498，0.3130）；

对于封存地 A_4，专家权重分别为：（0.3595，0.3186，0.3219）；

对于封存地 A_5，专家权重分别为：（0.3042，0.3473，0.3484）。

第六步，根据决策者权重对不同专家的评价信息进行加权平均，再用 Dempster 组合规则融合加权平均后的证据 $k-1$ 次，得到融合后的专家评价信息。

如表 6.6 所示，分别得到了融合专家信息的封存场地评价信息，并利用式

(6-4)计算 $bet(IS)$。例如，对于封存地 A_1，$m^1(IS)=0.5044$，$m^1(IS, NS)=0.0003$，则 $bet^1(IS)=0.5044+\frac{0.0003}{2}=0.5045$。考虑到地质封存项目风险，地质封存场地排序为 $A_3>A_4>A_2>A_1>A_5$，从而 A_3 是最佳的二氧化碳地质封存场地。

表 6.6　　最终评价结果

封存场地	$m(IS)$	$m(NS)$	$m(IS, NS)$	$bet(IS)$	排序
A_1	0.5044	0.4953	0.0003	0.5045	4
A_2	0.7399	0.0860	0.0003	0.7400	3
A_3	0.9818	0.0182	0.0000	0.9818	1
A_4	0.9084	0.0916	0.0000	0.9084	2
A_5	0.1089	0.8908	0.0002	0.1090	5

我国 CCUS 项目的发展尚处于起步阶段，选择封存场地是保证项目顺利实施的重要举措。在选择理想封存场地的基础上，还需采取积极的措施，制定工程设计和施工、封存场地、运输管道、运输过程的安全性标准，防止泄漏事件的发生[88]。同时还应建立实时监测系统，设计突发事故应急处理制度，并在不同的利益主体之间进行合理的风险分担。

6.4.4　结论

二氧化碳地质封存场地选择受到地质条件、自然地理条件、工程技术等多方面因素的影响，同时还要与固定居民点、饮用水水源保持一定的距离。考虑到二氧化碳地质封存场地选择的不确定性，采用模糊集和证据理论相结合的方法，用三角模糊数来评价二氧化碳泄漏的各种风险因素，并将其转化为不同专家提供的证据。针对证据的冲突性，采用通过 Jousselme 距离确定的专家权重，并对证据进行修正，最后再采用 Dempster 组合规则融合不确定信息。通过严格的封存场地筛选程序，选取最小化泄漏可能性以及风险很低的地点作为理想的封存场地。

本章小结

本章主要介绍了 CCUS 项目封存场地选择的方法。首先，简要介绍了二氧化

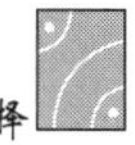

碳地质封存选址的一般流程及主要标准。其次，分析了深部咸水层、油气藏和不可开采的煤层这三种主要的封存场地的特征。再其次，对二氧化碳地质储存潜力与适宜性评价的级别进行了划分。最后，建立了基于模糊证据理论的二氧化碳地质封存场地选择模型，并通过案例来证明这一模型的实用性。

第 7 章

CCUS 项目风险管理

CCUS 项目捕集、管道运输、地质封存系统安全风险评价是整个 CCUS 项目管理中的一个重要环节。CCUS 项目风险管理包括三个过程，即风险分析、风险评价和风险应对。在风险分析过程中，首先要定义范围，其次进行风险识别和风险估计，最后再进行风险评价。风险分析与风险评价被统称为风险评估。风险应对是风险管理的最后一步，在这个阶段要制定风险应对方法从而减少或控制风险。在风险控制过程中，我们可能会发现新的风险或需要重新应对之前已经识别的风险，因此需要重复风险分析这一过程。具体流程如图 7.1 所示。

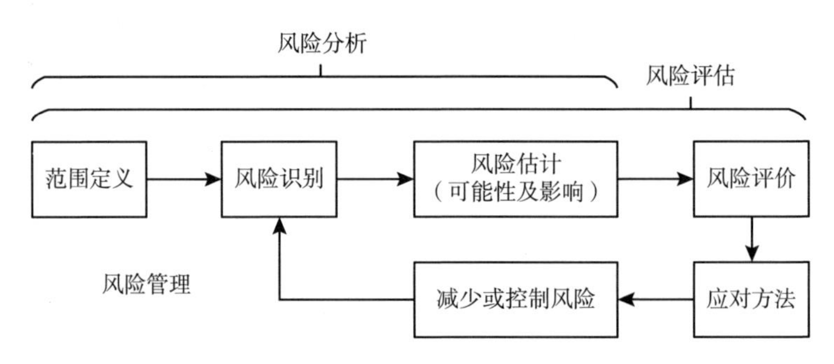

图 7.1　CCUS 项目风险管理过程

通过分析与评价有可能发现导致整个项目失败并对生态环境、人类造成巨大的灾害性影响的风险因素，从而使得管理人员能够及时采取措施进行风险应对，控制和减少风险，将损失降低到较低水平。

7.1　传统项目风险管理方法

为了更好地进行 CCUS 项目风险管理，首先简要介绍传统项目风险管理方法。

7.1.1 风险识别方法

传统项目风险识别方法包括德尔菲法、头脑风暴法、检查表法、因果分析法、流程图法等。常见项目风险识别方法比较结果如表 7.1 所示。

表 7.1 常见项目风险识别方法比较

方法	优点	缺点	信息要求	实施复杂程度	所能识别风险层次
德尔菲法	简便易行，具有一定科学性和实用性，较为全面和可靠	属于专家们的集体主观判断，缺乏客观标准，征询意见的时间较长，需要项目实时的信息及一定的历史数据	高	高	中
头脑风暴法	利用专家的经验，互相启发，风险识别正确性和效率较高	头脑风暴法要求参与者有较好的素质	中	低	低
检查表法	操作简单，容易掌握	对风险因素的相互关系缺乏分析，受制于项目的可比性	中	低	低
因果分析法	所有可能原因的内在关系被清晰地显示出来	对风险事故调查的疏漏会影响因果分析的结论，不同分析者对风险因素重要性认识不同	中	低	中
流程图法	各阶段任务清晰，易于找出各环节的潜在风险	耗费大量时间，对使用者要求较高，只强调风险结果，不关注损失原因	高	高	高

资料来源：赵立坤：《项目风险管理》，中国电力出版社 2015 年版。

7.1.1.1 德尔菲法

德尔菲法又称专家意见法或专家函询调查法，是采用匿名的方式征询专家小组成员的预测意见，经过几轮征询，使专家小组的预测意见趋于集中，最后做出比较合理的预测结论。

在风险识别时采用德尔菲法的目的是为了避免群体决策的一些可能的缺点，另外可以保证在征集意见时没有忽视重要观点。

7.1.1.2 头脑风暴法

头脑风暴法是由团队的全体成员自发地提出主张和想法。

可用头脑风暴法来识别项目可能存在的风险，以及集思广益地收集风险应对措施以得到最优的风险应对方案等。

7.1.1.3 检查表法

检查表是基于以前类比项目信息及其他相关信息编制的风险识别核对表。

在风险识别时使用检查表法的目的是把经历过的类似风险事件及其来源罗列出来，以便根据前人的经验教训来判断未来项目的风险。

7.1.1.4 因果分析法

因果分析法是一种通过因果图来寻找影响项目质量、时间进度、成本等问题的潜在因素，并通过图形直观表示出这些潜在因素与各种问题或结果联系的方法。能够分析引起风险的关键因素及其影响程度[141]。因果图又称鱼刺图或石川图。

7.1.1.5 流程图法

流程图法是一种识别项目面临的潜在风险的常用方法，可以帮助风险识别人员分析和了解项目风险所处的具体环节、各个环节之间存在的风险以及风险的起因和影响。该方法要求描述每个分解活动，以及分解活动之间的关系。

7.1.2 风险评价方法

常用的项目风险评价方法包括主观评分法、故障模式与影响分析（FMEA）、故障树分析、层次分析法和模糊综合评价法。其中，主观评分法是利用专家经验等隐性知识对项目风险进行评价，更侧重于对项目风险进行定性评价；而故障模式与影响分析（FMEA）、故障树分析、层次分析法和模糊综合评价法等方法更注重对项目风险进行定量评价。下面重点介绍这几种定量风险评价方法。

7.1.2.1 故障模式与影响分析（FMEA）

FMEA 是一种用来确定复杂系统、产品或过程潜在失效模式及其原因的分析方法。它是在产品或过程的策划设计阶段，对构成产品或过程的各子系统、零件等逐一进行分析，找出潜在的故障模式，分析其可能会导致的后果，评估其风险，从而预先采取相应的措施，减少故障模式带来的损失，降低其出现的可能性，从而保证产品或过程的质量。故障模式与影响分析具体流程如图 7.2 所示。

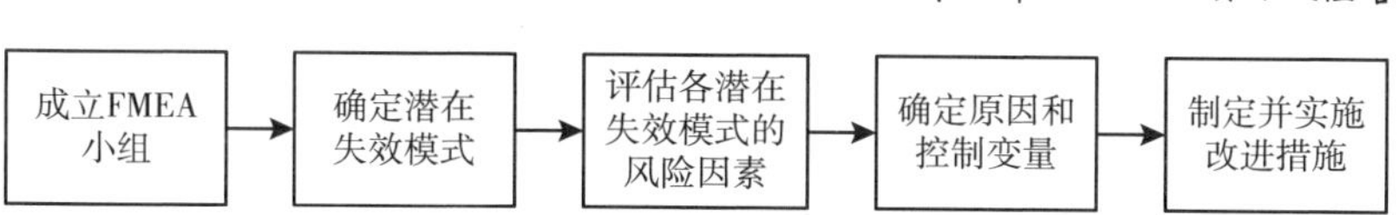

图 7.2 故障模式与影响分析流程

7.1.2.2 故障树分析

故障树分析（fault tree analysis，FTA）是美国贝尔电话实验室于 1961 年首先提出的，是对大型复杂系统进行可靠性、安全性及风险评价的一种方法[142]。它最早被应用于民兵导弹发射控制系统可靠性分析，此后，这种方法得到迅速发展，广泛应用于航空、航天、核、机械、电子等领域，并不断改进。

故障树是一种树状图，由事件和逻辑符号组成，事件表示某一具体环节，逻辑符号表示这些环节之间的关系，这些都和流程图相似，但不同的是，流程图关注的是风险的结果，而故障树关注的是事故的原因。它依照演绎法原理，从顶上事件开始逐次分析每一事件产生的直接原因，直到基本事件为止，将既定的生产系统中可能导致的灾害后果与可能出现的事故条件诸如设备、装置的故障及操作人员的误判断、误操作以及毗邻场所的影响等用一个逻辑关系图表达出来。故障树分析法寻求导致事故发生的人、机、环境等多方面因素，因此分析全面、透彻而又有逻辑性，故障树评估是系统安全工程中重要的分析评估方法之一。

故障树法既可以进行定量分析，也可以进行定性分析，既可以求出事故发生的概率，也可以识别系统的风险因素。同时，故障树简单、形象，逻辑性强，应用广泛。

7.1.2.3 层次分析法（AHP）

层次分析法（analytical hierarchy process，AHP）于 20 世纪 70 年代中期首次被提出，它是一种定性和定量相结合的系统分析方法。AHP 主要有三个过程：分解、判断、综合。它将复杂的问题分解为各个组成因素，将这些因素按支配关系分组形成有序的递阶层次结构，通过两两比较的方式确定层次中诸因素的相对重要性，然后综合人的判断以决定各因素相对重要性的排序。层次分析法具体分析步骤如图 7.3 所示。

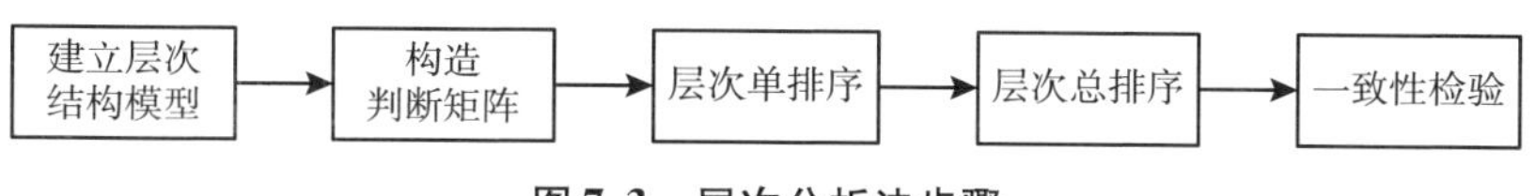

图 7.3 层次分析法步骤

7.1.2.4 模糊综合评价法

模糊综合评价法是在项目风险评价中广泛使用的一种综合评价方法。对于方案、人、事、物及风险的评价，人们往往习惯用模糊语言来描述，比如他们面对复杂问题分别做出的“大、中、小”“高、中、低”“优、良、中、劣”“好、较好、一般、较差、差”等不同程度的模糊综合评价。而模糊综合评价法则是针对这些模糊评价评语，运用模糊数学提供的方法进行运算，得出定量的综合评价结果，从而进行有效决策的方法。利用模糊综合评价法，可以对单个风险或整个项目的风险等级进行综合评价，从而为项目的风险管理提供依据。模糊综合评价法具体分析过程如图 7.4 所示。

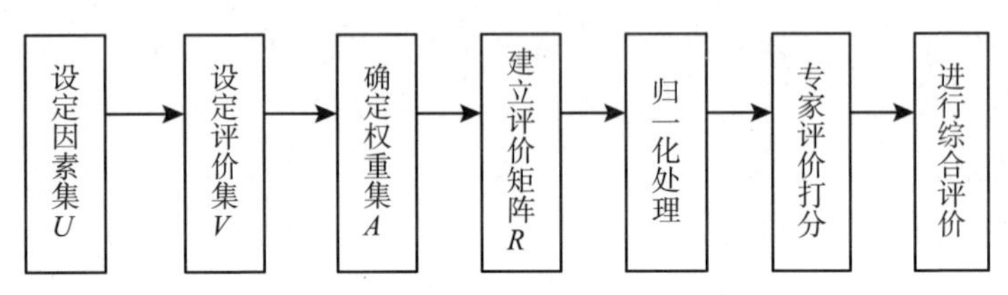

图 7.4　模糊综合评价法分析过程

7.2　CCUS 项目风险管理过程

CCUS 项目作为应对气候变化的大型复杂项目，包括二氧化碳的捕集、运输、封存等多个环节，涉及电力、管道运输、矿产普查与勘探、地下工程、石油工程等多个领域，内容结构极其复杂。对大型复杂项目进行风险管理是保证项目顺利实施的科学管理方法，其中关键一步即是风险的分析与评价，指依据风险管理计划、历史资料、专家判断等综合因素，对项目涉及的各方面的风险因素进行分析，估计各种风险的发生概率与后果影响程度，确定风险危害等级，找到关键风险因素，为科学制定风险应对措施提供决策参考。其主要包括两个方面的技术工作：一是对识别出的风险因素进行定性或定量的规范化描述；二是对各单个风险进行综合以给出对总体风险程度的合理判断结果。由此可见，CCUS 项目风险分析与评价需要在风险识别的基础上，进行项目不确定风险决策与综合评价。

7.2.1　CCUS 项目风险识别

7.2.1.1　与二氧化碳捕集相关的风险识别

一方面，二氧化碳捕集过程中的风险是与从二氧化碳捕集工厂中排出的气体、液体和固体废物相关的。捕获的二氧化碳可能包含一些杂质，会对二氧化碳运输和存储系统带来一定的影响，也会带来一些潜在的健康、安全和环境的影响。二氧化硫（SO_2）、一氧化氮（NO）、硫化氢（H_2S）、氢气（H_2）、一氧化碳（CO）、甲烷（CH_4）、氮气（N_2）、铝（Al）和氧气（O_2）是一些存在于二氧化碳流中的杂质，经过不同的捕集过程，捕集的二氧化碳中所包含的杂质也不相同。一般来说，必须去除二氧化碳捕集过程中产生的水分，这样可以避免在运输过程中腐蚀现象发生，同时避免生成水合物[13]。

另一方面，由于捕获系统运转需要消耗能量，因此会降低发电或其他过程的总效率。与没有二氧化碳捕集系统的工厂相比，二氧化碳捕集会增加工厂对燃料的需求，也会带来更多废弃物，这样就大大增加了对环境的影响[13]。

此外，还需要考虑二氧化碳捕集技术高昂的成本。一些研究正在探究降低二氧化碳捕集系统成本的方法[13]。

7.2.1.2 与二氧化碳运输相关的风险识别

与二氧化碳运输相关的风险显然取决于运输模式和当地的地形、气象条件、人口密度与其他当地条件。然而，二氧化碳从管道或其他运输模式泄漏可能会对人类或生态系统带来潜在灾难。因此，泄漏被定义为二氧化碳管道的主要安全问题。腐蚀被认为是与管道相关的另外一个主要风险问题。为了减少腐蚀，非纯杂质比如硫化氢或水必须从二氧化碳管道运输体系中去除。选择抗腐蚀的管道材料对于避免腐蚀也是非常重要的[17]。在进行与二氧化碳运输相关的风险识别时，需要注意以下几个方面的问题。

（1）管道沿线社会环境复杂。

尽管二氧化碳管道事故发生的频率较低，但危害性与泄漏扩散情形需要进一步深入研究，需要开展二氧化碳定量分析、管道风险评估等工作。表7.2和表7.3是美国的管道运输事故统计。

表7.2　美国运输部门管道安全办公室管道事故统计

管道	天然气输送（1986~2001年）	危险液体（1986~2001年）	二氧化碳（1990~2001年）
事故数量	1287	3035	10
死亡数量	58	36	0
受伤数量	217	249	0
财产损失	2.85亿美元	7.64亿美元	4.69万美元
每年每1000km管道事故的数量	0.17	0.82	0.32

资料来源：中石化石油工程设计有限公司：《胜利燃煤电厂百万吨 CO_2 输送管道技术进展与运行挑战》，碳捕集、利用与封存（CCUS）全流程示范项目预可研研讨会会议论文，2014年7月。

表 7.3　　美国管道 2002～2009 年事故分类和泄漏量

事故类型	事故数量	泄漏量（桶）
破裂事故	4	4000～7408
穿孔事故	7	300～3600
其他	15	<100

资料来源：中石化石油工程设计有限公司：《胜利燃煤电厂百万吨 CO_2 输送管道技术进展与运行挑战》，碳捕集、利用与封存（CCUS）全流程示范项目预可研研讨会会议论文，2014 年 7 月。

二氧化碳管道沿线人口密集，对管道安全性提出更高要求，设计管道时应采取一定的安全措施，同时应进行风险评估和完整性管理。建立完善的输送安全监测体系并形成应急预案与安全预警系统，是二氧化碳输送环节未来工作的一个重点。

（2）相态控制。

二氧化碳的性质会因压力、温度变化而发生改变，因此在输送过程中容易发生相变，为保证稳定输送，要严格控制输送压力和温度。为防止在输送过程中出现相变的情况，超临界输送末点压力不低于 8MPa[17]。

（3）管道腐蚀与防控。

二氧化碳腐蚀主要包括电化学腐蚀和局部腐蚀两种类型[17]。当存在液态水、游离水时，管道有可能发生腐蚀。为了对二氧化碳输送管道进行安全防控，可以在管道输送首站设置水露点分析仪，水露点不达标的二氧化碳绝对不能进入管道。同时进行淹没分析，分析管道沿线低洼地段、人口密集区等高后果区，并采取相应的安全措施[17]。

7.2.1.3　与地质封存相关的风险识别

根据萨马迪（Samadi）的研究[13]，与二氧化碳地质封存相关的风险包括两种类型："当地风险" 和 "全球风险"。当地风险主要包括二氧化碳地质封存对封存场地周边人类、动物和植物、饮用水的影响；而全球风险则是指当封存的二氧化碳泄漏后所引起的显著的气候变化。这一划分基本上得到了学术界的认同，并沿用到现在。

总的来说，二氧化碳地质封存会带来诸多风险。二氧化碳泄漏会带来一系列风险：泄漏的二氧化碳气体进入大气层中，加剧温室效应；空气中二氧化碳长时间浓度过高也会降低农作物产量和生物量；土壤中二氧化碳浓度升高，导致土壤的物理化学特性发生显著的变化，对微生物也有一定的影响；过多的二氧化碳溶解于地下水中，会导致地下水 pH 值下降，水体变酸，溶解大量矿物质，造成

岩层破碎，继而污染上层的饮用水；另外由于二氧化碳密度较大，一旦浓度过高，会导致人类和其他动物窒息。二氧化碳气体主要是储存在岩石缝隙和孔洞中，会改变地下压力，影响地质结构的稳定，进而可能诱发地震。

7.2.2 CCUS项目风险管理

7.2.2.1 与二氧化碳捕集相关的风险管理

在二氧化碳捕集过程中，会产生两类风险：一类是由于所捕集到的二氧化碳中所含的杂质带来的风险；另一类是捕集技术本身的实施所造成的风险。

对于由杂质所带来的风险，应对措施主要是严格监测所收集到的气体中各项成分所占比重，看其是否在允许范围之内，做好分离工作，提高二氧化碳的纯度。

捕集技术的实施会降低工厂原有的效率，带来额外的能源消耗。对于这一问题，一方面，应改进现有的生产技术，降低能耗；另一方面，由政府进行补贴，以便鼓励工厂应用CCUS技术，使这一技术得到推广。而对于捕集技术本身的风险，需要加大在该领域的科研力度，不断改善，促进CCUS技术走向成熟。

7.2.2.2 与二氧化碳运输相关的风险管理

在二氧化碳运输过程中，风险种类较多，因此风险管理措施也需要顾及方方面面。要尽量选择人口稀少的地区，减少对周围的影响；要建立安全监测体系和紧急应对系统；在运输途中，要时刻监察二氧化碳的温度与压力；此外还要谨慎选择输送材料，定期检查管道现状，及时维护。

7.2.2.3 与二氧化碳封存相关的风险管理

当前，与二氧化碳封存相关的风险管理的研究有很多，已有很多风险评价方法应用于该领域[143]。目前现有的二氧化碳地质封存风险评价方法如表7.4所示。

表7.4　现有二氧化碳地质封存风险评价方法

风险评价方法	描述	目标
FEP（features, events and processes method）	特征、事件和过程	情景开发
VEF（vulnerability evaluation framework）	敏感性评价框架	监管机构和技术专家的框架
SWIFT（structured what-if technique）	结构性的what-if技术	假设阐述

续表

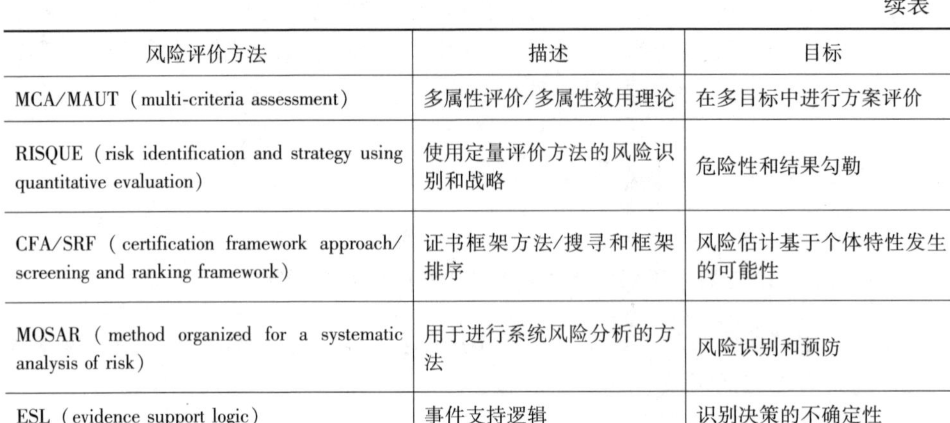

风险评价方法	描述	目标
MCA/MAUT（multi-criteria assessment）	多属性评价/多属性效用理论	在多目标中进行方案评价
RISQUE（risk identification and strategy using quantitative evaluation）	使用定量评价方法的风险识别和战略	危险性和结果勾勒
CFA/SRF（certification framework approach/screening and ranking framework）	证书框架方法/搜寻和框架排序	风险估计基于个体特性发生的可能性
MOSAR（method organized for a systematic analysis of risk）	用于进行系统风险分析的方法	风险识别和预防
ESL（evidence support logic）	事件支持逻辑	识别决策的不确定性
P&R（performance and risk）	业绩和风险	退化情景下的井筒风险图
SMA（system modeling approach）	系统模型方法	基于概率的风险估计

资料来源：Jose Condor，Datchawan Unatrakarn，Malcolm Wilson，Koorosh Asghari，A Comparative Analysis of Risk Assessment Methodologies for the Geologic Storage of Carbon Dioxide，Vol. 4，Energy Procedia，December 2011，pp. 4036 –4043.

二氧化碳地质封存过程中的主要风险是二氧化碳的泄漏以及对地质结构的影响。对于以上可能出现的风险，主要还是需要认真探测当地的地质结构，严格审查 CCUS 技术的可行性，尽量减少泄漏的发生和对当地地质结构的影响。

7.3 CCUS 项目二氧化碳捕集风险评价

7.3.1 CCUS 项目二氧化碳捕集风险简介

气候变化已成为全球可持续发展的一个主要挑战，二氧化碳的捕集、利用和封存（CCUS）则是一种可以有效减少温室气体排放的技术。二氧化碳捕集过程是一项复杂的系统工程，包含很多风险因素，本节重点对二氧化碳捕集项目安全风险进行识别、评价和控制。风险识别是二氧化碳捕集项目风险评价的第一步，以确定二氧化碳捕集系统的故障模式与影响后果，建立风险描述与量化的规范化模型。目前二氧化碳捕集技术按捕集时间可以分为三类——燃烧前捕集、富氧燃烧捕集（燃烧中捕集）和燃烧后捕集。二氧化碳捕集风险因素识别应当从风险特征出发，利用系统的、有章可循的步骤和方法，多角度、多方面对项目风险源进行识别及初步分析，从而确定影响捕集系统的主要风险因素的来源及可能造成的后果，并对它们进行归纳和分类。

传统故障模式与影响分析主要采用风险排序数的大小（RPN）来对潜在故障模式进行排序。风险排序数是已识别的潜在故障模式各风险因素如严重性（S）、发生的可能性（O）和难检性（D）的数值乘积[144][145]。然而，这种方法由于存在不能考虑到三个风险因素（S，O，D）的相对重要性等缺点而遭到许多学者的批判[146]。

为了克服传统故障模式与影响分析方法的缺点，许多学者提出了多种改进方法。鲍尔斯和佩尔兹（Bowles and Peláez，1995）[147]提出了一种模糊逻辑方法，采用如果—那么（if-then）规则对系统故障模式、影响及危害性进行分析（FMECA），对故障模式进行优先级排序并采取纠正措施。皮拉伊和王（Pillay and Wang，2003）[148]提出了一种将模糊规则方法和灰色关联理论相结合的风险排序模型以克服传统故障模式与影响分析方法的缺陷。在故障模式与影响分析过程中，每个故障模式中的风险因素通常是由 FMEA 团队来评估，团队成员来自不同的部门。因此，故障模式与影响分析可以看作是一种多属性决策群（GMCDM）的问题，每种故障模式的风险因素被视为评估属性，而故障模式则被视为需要进行排序的备选方案。一些模糊多属性决策方法已经被应用于对潜在故障模式进行优先级排序。布拉利亚（Braglia）认为四种不同的因素包括风险严重性（S）、发生的可能性（O）和难检性（D）以及期望成本是决策属性，并提出了基于层次分析法（AHP）的多属性故障模式分析方法[149]。布拉利亚等（Braglia et al.，2003）提出模糊 TOPSIS 方法用于进行故障模式、影响及危害性分析（FMECA）[150]。其他一些办法也被用来对 FMEA 中的潜在故障模式进行排序。常（Chang，2010）[144]提出了一种将有序加权几何平均算子（OWGA）和决策试验和评价实验室（DEMATEL）方法相结合的 FMEA 故障模式排序方法。常和程（Chang and Cheng，2010）[151]提出了一种将直觉模糊集和决策试验与评价实验室（DEMATEL）方法相结合的 FMEA 方法。赤音（Chin，2009）[152]提出了一种基于群证据推理（ER）方法的风险优先级排序模型用于进行 FMEA 分析。杨（Yang，2011）[153]提出了一种基于登普斯特—谢弗（Dempster - Shafer）证据理论的风险排序模型来分析飞机涡轮机转子叶片的故障模式。

为了综合评价决策者给出的关于风险属性的评价信息，应确定风险因素权重的相对重要性，许多方法被用来评估风险因素之间的相对重要性。一些主观赋权方法如模糊层次分析法[154]和一些客观赋权方法如 OWA 方法[134]，被用来确定风险属性的重要性。刘（Liu，2012）[155]用语言变量评价 S、O 和 D 的权重，提出一种故障模式优化的模糊 VIKOR 法。库特鲁和埃克梅克鲁（Kutlu and Ekmekçioğlu，

2012)[154]采用模糊层次分析法确定 S、O 和 D 的相对重要性，通过应用模糊 TOPSIS 法对潜在故障模式进行排序。刘（Liu，2015）[156]提出了一种基于模糊层次分析法的风险优先级排序模型，采用 FAHP 确定主观权重，采用熵权法确定客观权重。

虽然有一些文献对二氧化碳捕集进行了定量风险评估（QRAS），但目前对二氧化碳捕集较为系统性的风险分析仍然较少。在本节中，我们提出了一种犹豫模糊故障模式与影响分析方法来评价 CCUS 捕集的风险，建立一个基于组合赋权的犹豫模糊 VIKOR 方法，其中组合权重是由模糊层次分析法得到的主观权重和由离差最大化法得到的客观权重共同决定的。本节的目的是对二氧化碳捕集的故障模式与影响进行识别与分析，对二氧化碳捕集的潜在故障模式进行优先级排序，为未来 CCUS 产业的发展提供一些有用的信息。本节研究结构如下：在第二部分，简要回顾了犹豫模糊集理论的基本概念、模糊层次分析法（AHP）、离差最大化法和 VIKOR 方法。在第三部分，我们介绍一个基于组合赋权法和模糊 VIKOR 方法的 FMEA 模型，来对故障模式优先排序。在第四部分中，我们提出一个数值例子来说明所提出的方法的有效性。在第五部分，提出了 CCUS 项目二氧化碳捕集风险防范建议，并得出一些结论。

7.3.2 基本方法

为了克服传统 RPN 的缺点，本节采用基于组合赋权法和犹豫模糊 VIKOR 方法的 FMEA 方法，由于决策者习惯采用自然语言来描述有关二氧化碳捕集系统故障模式的风险大小，因此让决策者用语言变量评价二氧化碳捕集不同故障模式的严重性（S）、发生可能性（O）和难检性（D）等风险因素。

7.3.2.1 犹豫模糊集基本理论

定义 1[157][158]设 X 为一非空集合，则从 X 到［0，1］的一个子集的函数，被称为犹豫模糊集，记作：

$$A=\{\langle x,\ h_A(x)\rangle \mid x\in X\} \tag{7-1}$$

其中，$h_A(x)$ 是［0，1］中几个可能的数的集合，表示 $x\in X$ 属于集合 A 的可能的程度。

定义 2[157][158]设 $h(x)$，$h_1(x)$，$h_2(x)$ 为三个犹豫模糊集，以下是犹豫模糊集的运算法则：

（1）$h^c(x)=\cup_{\gamma\in h(x)}\{1-\gamma\}$；$h^c(x)$ 表示犹豫模糊集的补。

（2）$h_1(x)\cup h_2(x)=\{h\in[h_1(x)\cup h_2(x)] \mid h\geqslant \max(h_1^-,\ h_2^-)\}$；其中，$h_1^-=$

$\min h_1(x)$，$h_2^- = \min h_2(x)$。

（3）$h_1(x) \cap h_2(x) = \{h \in [h_1(x) \cap h_2(x)] \mid h \leqslant \min(h_1^+, h_2^+)\}$；其中，$h_1^+ = \max h_1(x)$，$h_2^+ = \max h_2(x)$。

令 $h(x)$，$h_1(x)$，$h_2(x)$ 为三个犹豫模糊集，α 是任意实数，且 $\alpha > 0$。夏和徐（Xia and Xu，2011）[159]提出了以下运算法则：

（1）$h^\alpha = \cup_{\gamma \in h} \{\gamma^\alpha\}$；

（2）$\alpha h = \cup_{\gamma \in h} \{1 - (1 - \gamma)^\alpha\}$；

（3）$h_1 \oplus h_2 = \cup_{\gamma_1 \in h_1, \gamma_2 \in h_2} \{\gamma_1 + \gamma_2 - \gamma_1 \cdot \gamma_2\}$；

（4）$h_1 \otimes h_2 = \cup_{\gamma_1 \in h_1, \gamma_2 \in h_2} \{\gamma_1 \cdot \gamma_2\}$；

（5）$\alpha(h_1 \oplus h_2) = \alpha h_1 \oplus \alpha h_2$；

（6）$(h_1 \otimes h_2)^\alpha = h_1^\alpha \otimes h_2^\alpha$。

定义3[160]对于犹豫模糊集 $h(x)$，令 $\sigma:(1, 2, \cdots, n) \to (1, 2, \cdots, n)$ 是一种排序，满足 $h^{\sigma(i)}(x) \leqslant h^{\sigma(i+1)}(x)$，$i = 1, 2, \cdots, l-1$，这里的 $l[h(x)]$ 是犹豫模糊集 $h(x)$ 里元素的个数。采用递增的方式将 $h(x)$ 中的元素重新安排顺序，$h^{\sigma(i)}(x)$ 是价值第 i 小的元素。对于两个具有相同长度 l 的犹豫模糊集 $h_1(x)$ 和 $h_2(x)$，$h_1(x) = h_2(x)$，当且仅当 $h_1^{\sigma(i)}(x) = h_2^{\sigma(i)}(x)$，$i = 1, 2, \cdots, n$，$h(x) = h_2(x)$。

犹豫模糊集的长度是不一样的，为了进行犹豫模糊集的有效运算，可以在长度较短的犹豫模糊集里增加一些元素。假设一个犹豫模糊集 HFE，$h = \{h^{\sigma(i)} \mid i = 1, 2, \cdots, l_h\}$，$h^+$ 和 h^- 分别表示犹豫模糊集 HFE 的最大值和最小值，称 $\bar{h} = \eta h^+ + (1 - \eta) h^-$ 为在长度较短的犹豫模糊集中添加的元素，η 是取值在 $[0, 1]$ 的参数，取决于决策者的风险偏好，当决策者拥有最乐观的风险偏好时，η 取1；当决策者拥有最悲观的风险偏好时，η 取0。

定义4[160]设 $h_1(x)$，$h_2(x)$ 为犹豫模糊集，则 h_1 和 h_2 之间的犹豫模糊海明（Hamming）距离可以定义为：

$$d(h_1, h_2) = \frac{1}{l} \sum_{j=1}^{l} |h_1^{\sigma(j)} - h_2^{\sigma(j)}| \tag{7-2}$$

其中，$h_1^{\sigma(j)}$ 和 $h_2^{\sigma(j)}$ 是 h_1 和 h_2 中第 j 大的元素，$l = \max\{l[h_1(x)], l[h_2(x)]\}$。

h_1 和 h_2 之间的犹豫模糊欧几里得（Euclidean）距离可以定义为：

$$d(h_1, h_2) = \sqrt{\frac{1}{l} \sum_{j=1}^{l} |h_1^{\sigma(j)} - h_2^{\sigma(j)}|^2} \tag{7-3}$$

其中，$h_1^{\sigma(j)}$ 和 $h_2^{\sigma(j)}$ 是 h_1 和 h_2 中第 j 大的元素，$l = \max\{l[h_1(x)], l[h_2(x)]\}$。

定义5[159]令 $h_j (j = 1, 2, \cdots, n)$ 是一组犹豫模糊集的集，权重向量为 $w =$

$(w_1, w_2, \cdots, w_n)^T$, $\sum_{j=1}^{n} w_j = 1$, $w_j \geqslant 0$, $j=1, 2, \cdots, n$。犹豫模糊加权平均算子（HFWA）是 $H^n \to H$ 的映射，满足：

$$HFWA(h_1, h_2, \cdots, h_n) = \bigoplus_{j=1}^{n}(w_j h_j) = \cup_{\gamma_1 \in h_1, \gamma_2 \in h_2, \cdots, \gamma_n \in h_n}\{1 - \prod_{j=1}^{n}(1-\gamma_j)^{w_j}\} \quad (7-4)$$

7.3.2.2 模糊层次分析法

为了反映决策者主观评价的模糊不确定性，采用三角模糊数（TFNs）和层次分析法相结合的模糊层次分析法（FAHP）来确定风险因素 S、O、D 的主观权重。最广泛使用的模糊层次方法，是由常（Chang）在 1996 年提出的[161]。一般来说，决策者采用可以被转化为三角模糊数的语言变量来表达其对风险因素大小的比较判断。将决策者的语言判断转换成三角模糊数，形成对风险因素两两比较的三角模糊判断矩阵，然后对这些矩阵进行处理，得到风险因素的主观权重。

在常（Chang）的方法中，使用的语言术语标度如表 7.5 所示，在表 7.5 中也显示了三角模糊数与语言术语之间的转换关系，决策者利用模糊语言对风险因素进行评价。

表 7.5　权重向量的模糊评价尺度

语言术语	三角模糊数
极强（ES）	(5/2, 3, 7/2)
特别强（AS）	(2, 5/2, 3)
非常强（VS）	(3/2, 2, 5/2)
相当强（FS）	(1, 3/2, 2)
稍微强（SS）	(2/3, 1, 3/2)
相当（E）	(1, 1, 1)
稍微弱（SW）	(3/2, 1, 2/3)
相当弱（FW）	(1/2, 2/3, 1)
非常弱（VW）	(2/5, 1/2, 2/3)
特别弱（AW）	(1/3, 2/5, 1/2)
极弱（EW）	(2/7, 1/3, 2/5)

资料来源：Ahmet Can Kutlu, Mehmet Ekmekçioğlu, Fuzzy failure modes and effects analysis by using fuzzy TOPSIS – based fuzzy AHP. *Expert Systems with Applications*, Vol. 39, No. 1, January 2012, pp. 61 – 67.

令 $M=(l, m, u)$ 为三角模糊数，其隶属函数 $\mu_M(x)$ 由式（7-5）表示。假设 $M_1=(l_1, m_1, u_1)$ 和 $M_2=(l_2, m_2, u_2)$ 为两个三角模糊数，给定实数 λ，$\lambda>0$，$\lambda\in R$，则模糊数具有以下运算法则：$M_1 \oplus M_2=(l_1+l_2, m_1+m_2, u_1+u_2)$ 是两个三角模糊数 M_1 和 M_2 的和，$M_1 \otimes M_2=(l_1 \cdot l_2, m_1 \cdot m_2, u_1 \cdot u_2)$ 是三角模糊数 M_1 和 M_2 的乘积，$\lambda \cdot M_1=(\lambda l_1, \lambda m_1, \lambda u_1)$ 是三角模糊数 M_1 和常数 λ 的乘积，$(M_1)^{-1}=\left(\frac{1}{u_1}, \frac{1}{m_1}, \frac{1}{l_1}\right)$ 是三角模糊数 M_1 的倒数。

$$\mu_M(x)=\begin{cases} 0 & for \quad x<l, \\ \dfrac{x-l}{m-l} & for \quad l\leqslant x\leqslant m, \\ \dfrac{u-l}{u-m} & for \quad m\leqslant x\leqslant u, \\ 0 & for \quad x>u \end{cases} \tag{7-5}$$

那么可以根据以下步骤得到风险因素S、O和D的主观权重：

第一步，构造三角模糊判断矩阵。

假设决策者使用如表7.5所示语言术语标度对风险因素进行两两比较，并将其转化为三角模糊数，形成三角模糊判断矩阵 $C=(c_{ij})_{n\times n}$，其中 c_{ij} 为三角模糊数，$c_{ij}=(l_{ij}, m_{ij}, u_{ij})$

第二步，计算风险因素的综合重要程度值

令 M_{gi}^j 表示模糊判断矩阵中第 i 个风险因素相对于第 j 个风险因素的重要程度值，S_i 表示模糊判断矩阵中第 i 个风险因素相对于所有其他风险因素的综合重要程度值。S_i 的计算公式如式（7-6）所示：

$$S_i = \sum_{j=1}^{m} M_{gi}^j \otimes \left[\sum_{i=1}^{n}\sum_{j=1}^{m} M_{gi}^j\right]^{-1} \tag{7-6}$$

其中，$\sum_{j=1}^{m} M_{gi}^j$ 和 $\left[\sum_{i=1}^{n}\sum_{j=1}^{m} M_{gi}^j\right]^{-1}$ 的计算公式如式（7-7）和式（7-8）所示：

$$\sum_{j=1}^{m} M_{gi}^j = \left(\sum_{j=1}^{m} l_j, \sum_{j=1}^{m} m_j, \sum_{j=1}^{m} u_j\right) \tag{7-7}$$

$$\left[\sum_{i=1}^{n}\sum_{j=1}^{m} M_{gi}^j\right]^{-1} = \left(\frac{1}{\sum_{i=1}^{n}\sum_{j=1}^{m} u_j}, \frac{1}{\sum_{i=1}^{n}\sum_{j=1}^{m} m_j}, \frac{1}{\sum_{i=1}^{n}\sum_{j=1}^{m} l_j}\right) \tag{7-8}$$

第三步，计算风险因素的主观权重值。

假设 $S_1=(l_1, m_1, u_1)$ 和 $S_2=(l_2, m_2, u_2)$ 是两个三角模糊数，$V(S_2\geqslant S_1)$ 表示三角模糊数 S_2 大于 S_1 的可能程度。$V(S_2\geqslant S_1)$ 计算公式如式（7-9）所示：

$$V(S_2 \geqslant S_1)=\begin{cases}1, & \text{如果 } m_2 \geqslant m_1 \\ 0, & \text{如果 } l_1 \geqslant u_2 \\ (l_1-u_2)/[(m_2-u_2)-(m_1-l_1)], & \text{其他}\end{cases} \quad (7-9)$$

一个模糊数 S 大于其他 k 个模糊数 $S_i(i=1, \cdots, k)$ 被定义为：

$$\begin{aligned} & V(S \geqslant S_1, S_2, \cdots, S_k) \\ & =V[(S \geqslant S_1) \text{ 和 } (S \geqslant S_2) \text{ 和} \cdots \text{和 } (S \geqslant S_k)] \\ & =\min V(S \geqslant S_i), i=1, 2, \cdots, k. \end{aligned} \quad (7-10)$$

假设 C_i 表示第 i 个风险因素，$d'(C_i)$ 表示第 i 个风险因素的权重，$d'(C_i)$ 的计算公式如式（7-11）所示。

$$d'(C_i)=\min V(S_i \geqslant S_j), i=1, 2, \cdots, k, j=1, 2, \cdots, k, k \neq j \quad (7-11)$$

那么风险因素的权重为 W^{s*} 为：

$$W^{s*}=[d'(C_1), d'(C_2), \cdots, d'(C_k)]^T \quad (7-12)$$

归一化后，可以得到风险因素的主观权重 W^s：

$$W^s=[\mathrm{d}(C_1), \mathrm{d}(C_2), \cdots, \mathrm{d}(C_k)]^T \quad (7-13)$$

7.3.2.3 离差最大化法

离差最大化法是王（Wang，1997）[162] 为了解决多目标决策问题而提出的。为了确定风险因素 S、O、D 的客观权重，假设 $\tilde{x}_{ij}$ 是决策者对潜在故障模式 FM_i 下的风险因素 RF_j 的模糊评价。在犹豫模糊环境下，以离差最大化法为基础，构建一个优化模型。

步骤 1：计算潜在故障模式与所有其他故障模式的离差。对于风险因素 RF_j，潜在的故障模式 FM_i 和所有其他故障模式的离差可以表示如下：

$$D_{ij}(w)=\sum_{k=1}^{m} \mathrm{d}(h_{ij}, h_{kj}) w_j^o \quad (7-14)$$

其中，$\mathrm{d}(h_{ij}, h_{kj})$ 是 h_{ij} 和 h_{kj} 之间的犹豫模糊 Euclidean 距离，$\mathrm{d}(h_{ij}, h_{kj})=\sqrt{\frac{1}{l} \sum_{\lambda=1}^{l}|h_{ij}^{\sigma(\lambda)}-h_{kj}^{\sigma(\lambda)}|^2}\ (i=1, 2, \cdots, m, j=1, 2, \cdots, n)$。

用 $D_{ij}(w)$ 代表当风险因素为 RF_j 时，每一个故障模式和其他故障模式的离差值。

步骤 2：构建一个非线性优化模型，以确定客观权重 w_j^o。

$$\begin{aligned} & \max D(w)=\sum_{j=1}^{n} \sum_{i=1}^{m} \sum_{k=1}^{m} w_j^o \mathrm{d}(h_{ij}, h_{kj}) \\ & \text{s.t.} \sum_{j=1}^{n}(w_j^o)^2=1, w_j^o \geqslant 0, j=1, 2, \cdots, n \end{aligned} \quad (7-15)$$

步骤3：构造拉格朗日函数求解上述约束规划模型。

为了解决非线性约束规划模型，构造了如下拉格朗日函数：

$$L(w_j^o, \xi) = \sum_{j=1}^{n}\sum_{i=1}^{m}\sum_{k=1}^{m} w_j^o \mathrm{d}(h_{ij}, h_{kj}) + \frac{\xi}{2}\left[\sum_{j=1}^{n}(w_j^o)^2 - 1\right] \quad (7-16)$$

其中，ξ 是一个实数，表示拉格朗日乘子。然后 L 的偏导数表示为：

$$\frac{\partial L}{\partial w_j^o} = \sum_{i=1}^{m}\sum_{k=1}^{m} \mathrm{d}(h_{ij}, h_{kj}) + \xi w_j^o = 0 \quad (7-17)$$

$$\frac{\partial L}{\partial \xi} = \frac{1}{2}\left[\sum_{j=1}^{n}(w_j^o)^2 - 1\right] = 0 \quad (7-18)$$

$$w_j^{o*} = \frac{\sum_{i=1}^{m}\sum_{k=1}^{m} \mathrm{d}(h_{ij}, h_{kj})}{\sqrt{\sum_{j=1}^{n}\left[\sum_{i=1}^{m}\sum_{k=1}^{m} \mathrm{d}(h_{ij}, h_{kj})\right]^2}} \quad (7-19)$$

步骤4：获取风险因素的客观权重。通过归一化 w_j^{o*}，得到风险因素的客观权重如下：

$$w_j^o = \frac{w_j^{o*}}{\sum_{j=1}^{n} w_j^{o*}} \quad (7-20)$$

7.3.2.4 VIKOR 法

多准则妥协解排序法（VIKOR）最早是由奥普里科维奇（Opricovic）[163]和曾（Tzeng）[164]提出的，是一种解决多准则决策（MCDM）问题的有效工具。采用VIKOR法进行决策，首先需要确定正理想解（PIS）和负理想解（NIS），其次计算各个备选方案与正理想解（PIS）的接近程度，最后在相互冲突的标准中确定一个现有问题的折中解决方案。折中的解决方案是一个可行的解决方案，它是最接近理想解的可行解，是两属性间互相让步的结果。VIKOR法依据接近于理想解的多准则排序指标[163][165]，可以帮助决策者做出最后的选择。

根据沙耶地（Sayadi，2009）[166]的研究，VIKOR法采用由 $L_{p,j}$ – metric 发展而来的聚合函数，如式（7－21）所示[167]：

$$L_{p,j} = \left\{\sum_{i=1}^{n}\left[w_i(f_i^* - f_{ij})/(f_i^* - f_i^-)\right]^p\right\}^{1/p} \quad (7-21)$$

在式（7－21）中，$1 \leqslant p \leqslant \infty$，$j=1, 2, \cdots, J$，$L_{p,j}$代表方案到理想解的距离。$L_{1,i}$即 S_i，$L_{\infty,i}$即 R_i，通过 S_i 所获得的解决方案是最大化群体效用（“多数”规则），通过 R_i 获得的解决方案是最小化反对意见的个别遗憾。所以VIKOR法的最大特色就是最大化群体效用和最小化反对意见的个别遗憾，所以其妥协解可被决策者接受[166]。

7.3.3 犹豫模糊信息下二氧化碳捕集故障模式及影响分析

7.3.3.1 确定故障模式犹豫模糊评估矩阵

假定二氧化碳捕集系统潜在失败模式为 $FM_i(i=1, 2, \cdots, m)$，其可以被看作是需要由 FMEA 团队成员进行故障模式排序决策的方案 $A_i(i=1, 2, \cdots, m)$。决策者采用犹豫模糊信息对每种故障模式从发生的可能性（O）、严重性（S）和难检测性（D）三个方面进行风险评估，形成犹豫模糊风险评估矩阵 $H=(h_{ij})_{m\times n}$，如以下公式所示：

$$H=\begin{bmatrix} h_{11} & h_{12} & \cdots & h_{1n} \\ h_{21} & h_{22} & \cdots & h_{2n} \\ \vdots & \vdots & \cdots & \vdots \\ h_{m1} & h_{m2} & \cdots & h_{mn} \end{bmatrix} \quad (i=1, 2, \cdots, m; j=1, \cdots, n) \quad (7-22)$$

其中，$w^c=(w_1^c, w_2^c, \cdots, w_j^c, \cdots, w_n^c)^T$ 表示风险因素 RF_j 的权重向量，它是风险因素主观权重向量 $w^s=(w_1^s, w_2^s, \cdots, w_j^s\cdots, w_n^s)^T$ 和客观权重向量的组合即 $w^o=(w_1^o, w_2^o, \cdots, w_j^o, \cdots, w_n^o)$。在这里，$0\leqslant w_j^c\leqslant 1$，$\sum_{j=1}^{n} w_j^c=1$，$0\leqslant w_j^s\leqslant 1$，$\sum_{j=1}^{n} w_j^s=1$，$0\leqslant w_j^o\leqslant 1$，$\sum_{j=1}^{n} w_j^o=1$。

7.3.3.2 二氧化碳捕集系统风险评价

基于组合赋权的二氧化碳捕集系统犹豫模糊风险评价过程如图 7.5 所示。

二氧化碳捕集系统风险评价主要过程可以概括如下：

步骤 1：建立 FMEA 团队，识别二氧化碳捕集潜在故障模式，采用犹豫模糊信息评价潜在故障模式。

步骤 2：采用语言变量决定风险因素的相对重要性。

步骤 3：采用离差最大化计算风险因素的客观权重。

步骤 4：采用 FAHP 法计算风险因素的主观权重。

步骤 5：将 FAHP 法和离差最大化法相结合，得到风险因素的组合权重。

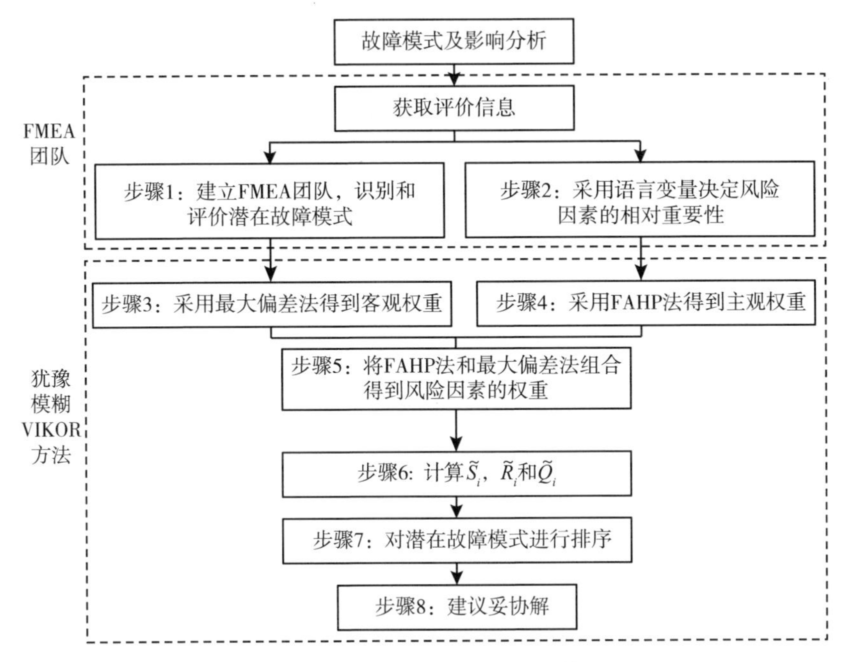

图 7.5 犹豫模糊 VIKOR 方法计算过程

$$w_j^c = \rho w_j^s + (1-\rho) w_j^o \tag{7-23}$$

在这里，w_j^c 是组合权重，w_j^c 由客观权重和主观权重的相对重要性 ρ 决定，$\rho \in [0, 1]$。假设两种权重的重要性相同，也即 $\rho = 0.5$。

步骤 6：计算 $\tilde{S}_i$，$\tilde{R}_i$ 和 $\tilde{Q}_i$ 的价值。假设 A^* 和 A^- 分别是方案 A_i 的犹豫模糊正理想解和负理想解。A^* 和 A^- 的定义如下：

$$A^* = \{h_1^*, \cdots, h_j^*, \cdots, h_n^*\}, j = 1, 2, \cdots, n \tag{7-24}$$

$$A^- = \{h_1^-, \cdots, h_j^-, \cdots, h_n^-\}, j = 1, 2, \cdots, n \tag{7-25}$$

$$h_j^* = \begin{cases} \max_i h_{ij} & \text{效益型属性} \\ \min_i h_{ij} & \text{成本型属性} \end{cases}, i = 1, 2, \cdots, m; j = 1, 2, \cdots, n \tag{7-26}$$

$$h_j^- = \begin{cases} \min_i h_{ij} & \text{效益型属性} \\ \max_i h_{ij} & \text{成本型属性} \end{cases}, i = 1, 2, \cdots, m; j = 1, 2, \cdots, n \tag{7-27}$$

这里 h_j^* 和 h_j^- 是方案 A_i 效益型属性和成本型属性的最优和最劣价值，是 FMEA 团队成员给出的评价方案 A_i 的犹豫模糊评价矩阵 $H = (h_{ij})_{m \times n}$ 中的犹豫模糊元。

然后采用以下公式计算 $\tilde{S}_i$，$\tilde{R}_i$ 和 $\tilde{Q}_i$ 的价值：

$$\widetilde{S}_i = \sum_{j=1}^{n} w_j^c \frac{d(h_j^*, h_{ij})}{d(h_j^*, h_j^-)}, \ i=1, 2, \cdots, m; \ j=1, 2, \cdots, n \tag{7-28}$$

$$\widetilde{R}_i = \max_j w_j^c \frac{d(h_j^*, h_{ij})}{d(h_j^*, h_j^-)}, \ i=1, 2, \cdots, m; \ j=1, 2, \cdots, n \tag{7-29}$$

这里的 w_j^c 是风险因素的组合权重。

$$\widetilde{Q}_i = v\frac{\widetilde{S}_i - \widetilde{S}^*}{\widetilde{S}^- - \widetilde{S}^*} + (1-v)\frac{\widetilde{R}_i - \widetilde{R}^*}{\widetilde{R}^- - \widetilde{R}^*} \tag{7-30}$$

其中，$\widetilde{S}^* = \min_i \widetilde{S}_i$，$\widetilde{S}^- = \max_i \widetilde{S}_i$，$\widetilde{R}^* = \min_i \widetilde{R}_i$，$\widetilde{R}^- = \max_i \widetilde{R}_i$。$v$ 表示群体效用最大化决策的权重。$v>0.5$ 表示要根据大多数人的意见进行决策，$v<0.5$ 表示要根据少数人的意见进行决策，而 $v=0.5$ 表示要兼顾最大群效应和最小后悔值。在本节计算中假设 v 的值是0.5。

步骤7：根据 $\widetilde{S}_i$、$\widetilde{R}_i$ 和 $\widetilde{Q}_i$ 值的排列确定潜在故障模式的排序，可以得到三个排序列表。

步骤8：确定一个妥协解。

假设 $A^{(1)}$ 是按 $\widetilde{Q}_i$ 值排序第一的且满足以下两个条件的潜在故障模式。

条件1：可接受的优势，即 $\widetilde{Q}(A^{(1)}) - \widetilde{Q}(A^{(2)}) \geqslant D\widetilde{Q}$，其中 $A^{(2)}$ 是按 $\widetilde{Q}_i$ 值排序后排名第二的替代潜在故障模式，$D\widetilde{Q} = 1/(m-1)$，其中 m 是潜在故障模式的数量。

条件2：可接受的稳定性决策，即潜在故障模式 $A^{(1)}$ 也必须是按照 $\widetilde{S}_i$ 和 $\widetilde{R}_i$ 的规则排序最好的潜在故障模式。这种折中的解决办法在决策的过程中是稳定的，可以采取“一致通过”（即 $v>0.5$），“否决权”（$v\approx0.5$），或“由少数服从多数表决”（$v<0.5$）等方式。

如果其中一个条件不满足，则提出一套折中的解决方案，其中包括：

如果排序第一的潜在故障模式 $A^{(1)}$ 和排序第二的潜在故障模式 $A^{(2)}$ 同时满足条件1和条件2，则 $A^{(1)}$ 为风险最大的潜在故障模式；如果 $A^{(1)}$ 和 $A^{(2)}$ 的关系只满足条件2，则同时确定 $A^{(1)}$ 和 $A^{(2)}$ 为风险最大的潜在故障模式；如果 $A^{(1)}$ 和其他潜在故障模式之间的关系均不满足条件1且只满足条件2，那些不满足条件1的故障模式为风险最大的故障模式。

7.3.4 案例应用

7.3.4.1 案例简介

本节通过一个大型的CCUS示范工程实例来说明上一部分提出的二氧化碳

捕集风险评价方法。假设某燃煤电厂采用富氧燃烧技术捕集二氧化碳，二氧化碳以超临界状态被输送到封存场地。由三个来自不同职能部门的成员组成FMEA团队，识别CCUS示范项目中的二氧化碳捕集潜在故障模式，并根据它们的风险因素如O、S和D对二氧化碳捕集潜在故障模式进行排序。由于很难精确评估风险因素的大小和它们的相对重要性，FMEA团队成员通过使用表7.5中的语言变量和表7.6中的语言术语来评价潜在故障模式的风险。在表7.7中可以看到团队成员给出的九个故障模式以及对每个风险因素和其重要性的评估信息。三个团队成员来自不同的部门，分别是设计部门、制造部门和技术服务部门，因为他们拥有的不同领域的专业知识，所以在风险评估过程中应赋予不同的重要性权重。

步骤1，识别潜在故障模式，采用犹豫模糊数评价每个故障模式的风险。故障模式包括燃气系统气体泄漏、供氧系统气体泄漏、点燃器点火失效、烟气循环系统故障、燃烧器故障、燃烧质量低、保护设备损坏、分离膜缺陷、工作人员操作不当等。由于难以准确评估风险因素，FMEA团队成员使用犹豫模糊数对故障风险进行评价，在表7.6中可以看到团队成员给出的九个故障模式中每个风险因素的评估信息。

表7.6 每种故障模式风险因素专家评估表

故障模式序号	故障模式	S	O	D
FM1	燃气系统气体泄漏	(0.8, 0.7, 0.6)	(0.7, 0.6, 0.5, 0.4)	(0.6, 0.5, 0.4)
FM2	供氧系统气体泄漏	(0.7, 0.6)	(0.6, 0.5, 0.3)	(0.7, 0.6, 0.5, 0.4, 0.3)
FM3	点燃器点火失效	(0.7, 0.6)	(0.7, 0.6, 0.5, 0.4, 0.3)	(0.6, 0.4, 0.3, 0.2)
FM4	烟气循环系统故障	(0.7, 0.6)	(0.5, 0.4, 0.3)	(0.6, 0.5, 0.4, 0.3)
FM5	燃烧器故障	(0.6, 0.4, 0.3, 0.2)	(0.7, 0.6, 0.5)	(0.6, 0.5)
FM6	燃烧质量低	(0.6, 0.5, 0.4, 0.3, 0.2)	(0.6, 0.3, 0.2)	(0.5, 0.4, 0.3)
FM7	保护设备损坏	(0.5, 0.4, 0.3)	(0.4, 0.3, 0.2)	(0.6, 0.4, 0.3, 0.1)
FM8	分离膜缺陷	(0.6, 0.4, 0.3)	(0.5, 0.3)	(0.5, 0.3, 0.2)
FM9	工作人员操作不当	(0.6, 0.5, 0.4, 0.3)	(0.6, 0.5, 0.4)	(0.7, 0.5)

步骤2，专家使用语言变量来评估每种故障模式风险因素的相对重要性。专家使用犹豫模糊数来评估潜在故障模式的风险因素S、O和D，评估结果如表7.7所示。

表 7.7　　专家采用语言术语对风险因素权重的评价

风险因素	专家1			专家2			专家3		
	严重性（S）	发生可能性（O）	难检性（D）	严重性（S）	发生可能性（O）	难检性（D）	严重性（S）	发生可能性（O）	难检性（D）
严重性（S）	E	SS	FS	E	FS	FS	E	SS	SS
发生可能性（O）	–	E	SS	–	E	FS	–	E	SW
难检性（D）	–	–	E	–	–	E	–	–	E

步骤3，采用离差最大化计算风险因素的客观权重。风险因素的最优客观权重可以通过式（7－20）计算得出：

$$w_j^o = (0.3484,\ 0.3262,\ 0.3254)$$

步骤4，采用FAHP方法确定风险因素的主观权重。如表7.7所示，三位专家采用语言变量对风险因素（S，O，D）的重要性进行两两成对比较，例如，在比较风险因素严重性和发生可能性时，三位专家的评价分别为稍微强（SS），相当强（FS）和轻微（SS）。结果，风险因素的权重向量＝（0.4175，0.3298，0.2527）。

在本书中由专家给出的三角模糊判断矩阵，去模糊化后进行一致性检验。基于一致性指标和随机一致性指标，计算一致性比率的值低于0.10[168]，证实了模糊判断矩阵的一致性。

步骤5，由FAHP法和离差最大化法确定风险因素的组合权重：

$$w_j^C = (0.3830,\ 0.3280,\ 0.2890)$$

步骤6，计算全部故障模式 $\tilde{S}_i$，$\tilde{R}_i$ 和 $\tilde{Q}_i$ 的价值，计算结果如表7.8所示。

表 7.8　　所有故障模式的 $\tilde{S}$，$\tilde{R}$ 和 $\tilde{Q}$ 值

故障模式	FM1	FM2	FM3	FM4	FM5	FM6	FM7	FM8	FM9
$\tilde{S}_i$	0.134	0.274	0.309	0.390	0.397	0.758	0.901	0.809	0.398
$\tilde{R}_i$	0.090	0.175	0.199	0.219	0.360	0.293	0.338	0.315	0.270
$\tilde{Q}_i$	0.000	0.248	0.315	0.405	0.671	0.782	0.958	0.857	0.505

步骤7，根据 $\tilde{S}_i$，$\tilde{R}_i$ 和 $\tilde{Q}_i$ 值的潜在故障模式排序如表7.9所示。

本书提出基于组合权重和模糊VIKOR方法的故障模式与影响分析，用于对二氧化碳捕集系统的潜在故障模式进行风险评价。表7.9显示了随着 v 价值的改变，

表7.9 根据 $\tilde{S}_i$，$\tilde{R}_i$ 和 $\tilde{Q}_i$ 值的潜在故障模式排序和随着权重 v 变化的妥协解

		潜在故障模式									排序	妥协解
		FM1	FM2	FM3	FM4	FM5	FM6	FM7	FM8	FM9		
$\tilde{S}_i$ 值		0.134	0.274	0.309	0.390	0.397	0.758	0.901	0.809	0.398	FM：1>2>3>4>5>9>6>8>7	FM1
$\tilde{R}_i$ 值		0.090	0.175	0.199	0.219	0.360	0.293	0.338	0.315	0.270	FM：1>2>3>4>9>6>8>7>5	FM1
$\tilde{Q}_i$ 值	0	0.000	0.313	0.401	0.475	1.000	0.750	0.917	0.833	0.666	FM：1>2>3>4>9>6>8>7>5	FM1
$\tilde{Q}_i(v)$	0.1	0.000	0.300	0.384	0.461	0.934	0.756	0.925	0.838	0.634	FM：1>2>3>4>9>6>8>7>5	FM1
	0.2	0.000	0.287	0.367	0.447	0.868	0.763	0.933	0.843	0.602	FM：1>2>3>4>9>6>8>5>7	FM1
	0.3	0.000	0.274	0.349	0.433	0.803	0.769	0.942	0.847	0.570	FM：1>2>3>4>9>6>5>8>7	FM1
	0.4	0.000	0.261	0.332	0.419	0.737	0.775	0.950	0.852	0.537	FM：1>2>3>4>9>5>6>8>7	FM1
	0.5	0.000	0.248	0.315	0.405	0.671	0.782	0.958	0.857	0.505	FM：1>2>3>4>9>5>6>8>7	FM1
	0.6	0.000	0.235	0.298	0.391	0.605	0.788	0.967	0.861	0.473	FM：1>2>3>4>9>5>6>8>7	FM1
	0.7	0.000	0.222	0.280	0.376	0.540	0.794	0.975	0.866	0.441	FM：1>2>3>4>9>5>6>8>7	FM1
	0.8	0.000	0.209	0.263	0.362	0.474	0.801	0.983	0.871	0.408	FM：1>2>3>4>9>5>6>8>7	FM1
	0.9	0.000	0.196	0.246	0.348	0.408	0.807	0.992	0.871	0.376	FM：1>2>3>4>9>5>6>8>7	FM1
	1.0	0.000	0.183	0.229	0.334	0.342	0.814	1.000	0.880	0.344	FM：1>2>3>4>5>9>6>8>7	FM1

所有故障模式 $\tilde{S}_i$，$\tilde{R}_i$ 和 $\tilde{Q}_i$ 的值。可以看出，在所有故障模式中，故障模式FM1燃气系统气体泄漏的风险是最高的。对于二氧化碳捕集系统设计者，应当优先考虑如何规避这一故障模式。其他故障模式的排序分别是FM2，FM3，FM4，FM9，FM5，FM6，FM8和FM7。

步骤8，得到妥协解。可以得到当参数改变时，根据 $\tilde{S}_i$，$\tilde{R}_i$ 和 $\tilde{Q}_i$ 值，所有故障模式的排序，如表7.9所示。当 v 等于0.5时，$\tilde{Q}_1 < \tilde{Q}_2 < \tilde{Q}_3 < \tilde{Q}_4 < \tilde{Q}_9 <$

$\tilde{Q}_5 < \tilde{Q}_6 < \tilde{Q}_8 < \tilde{Q}_7$，$\tilde{S}_1 < \tilde{S}_2 < \tilde{S}_3 < \tilde{S}_4 < \tilde{S}_5 < \tilde{S}_9 < \tilde{S}_6 < \tilde{S}_8 < \tilde{S}_7$，且 $\tilde{R}_1 < \tilde{R}_2 < \tilde{R}_3 < \tilde{R}_4 < \tilde{R}_9 < \tilde{R}_6 < \tilde{R}_8 < \tilde{R}_7 < \tilde{R}_5$。与此同时，$\tilde{Q}_2 - \tilde{Q}_1 = 0.248 > D$，$\tilde{Q} = 1/(9-1) = 0.125$。从表 7.8 和表 7.9 中的数据可以看出，满足本章 7.3.3 给出的两个条件，得到妥协解。

7.3.4.2 敏感性分析

根据 v 取值的不同，可以进行敏感性分析，v 取值可以作为最大群体效用策略的权重。在上述提出的 FMEA 分析中，参数 v 取值为 0.5。然而，它可以取 0 到 1 之间的任何值。根据参数值在 0 ~ 1 之间的变化，潜在故障模式的排序也会发生改变。参数值的敏感性分析结果如图 7.6 所示。可以看出，FM1、FM2、FM3 和 FM4 的排序并不敏感。因此，在最大群体效用和最低个人遗憾方面，这些故障模式的排序几乎相同。当价值很小时，FM5 的风险优先级较高，表明当最小个人遗憾的重要性增加时，其风险优先级增加。FM6、FM7 和 FM8 的风险优先级随着价值的下降而改变。这意味着当专注于最大群体效用时，FM6、FM7 和 FM8 具有较低的风险级别。当 v 的价值从 0.9 增加到 1 时，FM9 的排序降低了。

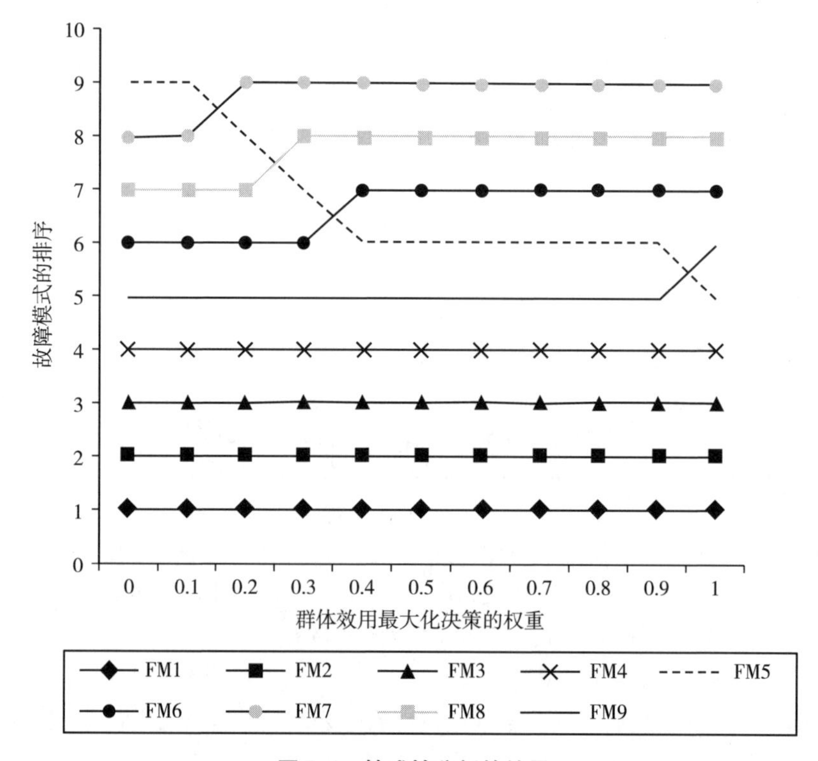

图 7.6　敏感性分析的结果

7.3.4.3 比较和讨论

为了说明犹豫模糊VIKOR法的有效性，将其与传统的FMEA方法、犹豫模糊TOPSIS方法以及由夏和徐（Xia and Xu，2011）[159]提出的方法进行比较。

首先，将所提出的方法与传统的FMEA方法进行比较。传统FMEA方法使用风险排序数来对潜在故障模式进行排序。传统的FMEA方法是优先考虑潜在故障模式的有效方法。然而，当将本节所提出的方法与传统的FMEA方法进行比较时，存在一些故障模式的排序差异。其主要原因在于传统的FMEA方法不考虑三个风险因素的相对重要性。

其次，将本节所提出的方法与犹豫模糊TOPSIS方法进行比较，具体步骤如下：

步骤1，列出潜在的故障模式并定义故障的严重性（S），故障发生的概率（O）和难检性（D）。以历史数据和过去经验为依托，列出整个系统各风险评估成员潜在的故障模式。FMEA团队分别指出了故障的严重性（S），故障发生的概率（O）和难检性（D）。

步骤2，确定风险属性的权重。在本节中，在模糊TOPSIS方法中使用的团队成员的相对重要性与VIKOR法中的相同。

步骤3，确定犹豫模糊正理想解（HFPIS），由A^*表示，犹豫模糊负理想解（HFNIS），由A^-表示。

$$A^* = \{h_1^*,\ \cdots,\ h_j^*,\ \cdots,\ h_n^*\},\ j=1,\ 2,\ \cdots,\ n \tag{7-31}$$

$$A^- = \{h_1^-,\ \cdots,\ h_j^-,\ \cdots,\ h_n^-\},\ j=1,\ 2,\ \cdots,\ n \tag{7-32}$$

这里h_j^*和h_j^-与在式（7－24）和式（7－25）中的定义相同。

步骤4，计算潜在故障模式之间的加权距离。采用犹豫模糊Hamming距离作为距离测度。w_j^c是属性的组合权重，可以通过使用式（7－23）来计算得到。每个潜在模式到犹豫模糊正理想解A^*和犹豫模糊负理想解A^-的距离测度d_i^+和d_i^-可以采用以下公式计算：

$$d_i^+ = \sum_{j=1}^{n} \mathrm{d}(h_{ij},\ h_j^+)w_j^c = \sum_{j=1}^{m} w_j^c \frac{1}{l}\sum_{\lambda=1}^{l} \left| h_{ij}^{\sigma(\lambda)} - (h_j^{\sigma(\lambda)})^+ \right| \tag{7-33}$$

$$d_i^- = \sum_{j=1}^{n} \mathrm{d}(h_{ij},\ h_j^-)w_j^c = \sum_{j=1}^{m} w_j^c \frac{1}{l}\sum_{\lambda=1}^{l} \left| h_{ij}^{\sigma(\lambda)} - (h_j^{\sigma(\lambda)})^- \right| \tag{7-34}$$

步骤5，计算犹豫模糊理想解的相对贴近度系数。通过计算犹豫模糊理想解的相对贴近度系数，可以得到每种故障模式的最终得分。对于每种故障模式来说，与HFPIS相关的相对贴近度系数定义如下：

$$k_i = \frac{d_i^-}{d_i^+ + d_i^-} \tag{7-35}$$

步骤6，将所有故障模式排序。在得到所有故障模式的相对贴近度后，根据 k_i 值对潜在故障模式排序。每种故障模式的相对贴近度系数为：

$$k_1 = 0.8691,\ k_2 = 0.7348,\ k_3 = 0.6930,\ k_4 = 0.6220,\ k_5 = 0.5823,$$

$$k_6 = 0.2443,\ k_7 = 0.1084,\ k_8 = 0.1893,\ k_9 = 0.5936$$

最后，将提出的方法与夏和徐提出的方法[159]进行比较。夏和徐提出了一系列犹豫模糊算子来集结犹豫模糊信息[159]，犹豫模糊加权平均算子（HFWA）和犹豫模糊元的得分函数被用以比较犹豫模糊元的价值。

对潜在故障模式排序的步骤如下：

第一步，采用犹豫模糊加权平均算子集结每一个风险因素的犹豫模糊信息。

$$HFWA(h_1, h_2, h_3) = \bigoplus_{j=1}^{3}(w_j^c h_j) = \cup_{\gamma_1 \in h_1, \gamma_2 \in h_2, \gamma_3 \in h_3} = \{1 - \prod_{j=1}^{3}(1-\gamma_j)^{w_j^c}\} \tag{7-36}$$

在这里，w_j^c 是风险因素的组合权重，采用式（7－23）来得到。

第二步，采用得分函数来比较潜在故障模式，犹豫模糊元 h 的得分函数定义如下：

$$s(h) = \frac{1}{\#h}\sum_{\gamma \in h}\gamma \tag{7-37}$$

在这里，$\#h$ 是 h 中元素的数量。

第三步，根据得分函数价值对潜在故障模式进行排序。每种故障模式的得分值如下：

$$s_1 = 0.6103,\ s_2 = 0.5621,\ s_3 = 0.5432,\ s_4 = 0.5282,\ s_5 = 0.5155,$$

$$s_6 = 0.4000,\ s_7 = 0.3619,\ s_8 = 0.4027,\ s_9 = 0.4898$$

表7.10显示了使用这些方法获得的所有9种潜在故障模式的排序比较。

表7.10　各潜在故障模式排序方法比较

潜在故障模式排序	本研究方法	传统FEMA方法	犹豫模糊TOPSIS方法	夏和徐提出的方法
FM_1	1	1	1	1
FM_2	2	2	2	2
FM_3	3	4	3	3
FM_4	4	5	4	4
FM_5	6	8	5	5
FM_6	7	6	7	8
FM_7	9	9	9	9
FM_8	8	7	8	7
FM_9	5	3	6	6

图 7.7 显示了使用这些方法获得的所有 9 种故障模式的排序结果。可以清楚地看到，使用了提出的犹豫模糊 VIKOR 法、犹豫模糊 TOPSIS 方法和夏和徐提出的方法，三种排序方法下大多数故障模式具有相同的排序。然而，使用上述三种方法得出的排序顺序与传统的 FMEA 方法不同。

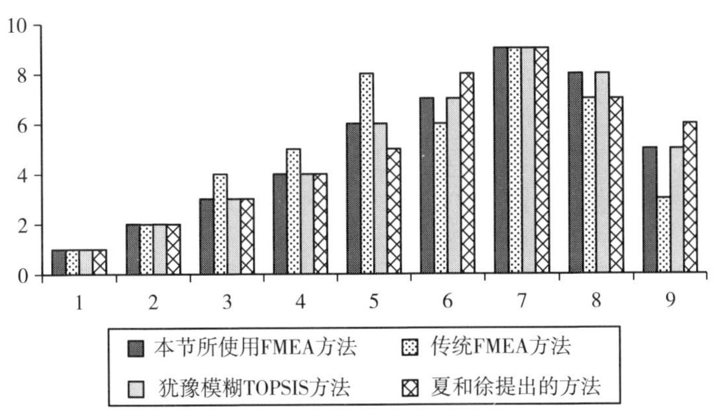

图 7.7 潜在故障模式排序比较

图 7.7 清晰地表明了本节所提出的 FMEA 方法与传统 FMEA 方法相比的优越性。图 7.7 显示出了当使用 4 种方法时，故障模式 1，模式 2 和模式 7 的排序顺序相同。当使用本节所提出的 FMEA 方法与犹豫模糊 TOPSIS 方法进行比较时，所有故障模式的排序顺序相同。由夏（Xia）和徐（Xu）提出的方法[159]确定的 9 种故障模式的排序顺序与本节所提出的 FMEA 方法略有不同。使用夏（Xia）和徐（Xu）提出的方法，故障模式 9 位于故障模式 5 之后，故障模式 6 排序在故障模式 8 之后。排序差异的主要原因在于本节所采用的基于犹豫模糊 VIKOR 的 FMEA 方法以每种故障模式到理想解的距离为依据进行故障模式排序，而夏（Xia）和徐（Xu）提出的方法采用犹豫模糊加权平均算子 HFWA 来集结评价信息，根据集结后的评价信息进行故障模式排序。

7.3.5 CCUS 项目二氧化碳捕集风险防范建议

第一，安装二氧化碳捕集环境背景监测系统，连续监测环境风险物质的泄漏与排放。

第二，做好与二氧化碳捕集过程中环境风险物质相关的运输、贮存、处置等相关设备防腐工作，制定防腐措施，定期检测腐蚀情况。

第三，明确捕集的二氧化碳纯度，掌握含有的杂质成分和比例。

7.3.6 结论

CCUS 已被确定为实现将全球气温上升控制在 2 摄氏度以下的有效技术[169]。安全可靠的二氧化碳捕集系统是 CCUS 项目的基础。FMEA 是一种广泛使用的风险管理方法，旨在识别潜在的故障模式，并为决策提供有用的信息。在本节中，基于犹豫模糊信息的拓展 VIKOR 法被用于对潜在故障模式进行优先级排序，以识别 CCUS 中二氧化碳捕集系统的潜在故障模式。使用该方法的特点在于采用犹豫模糊信息评价风险因素，并通过由主、客观权重决定的组合权重来确定风险因素的重要性。最后通过一个大型 CCUS 示范项目二氧化碳捕集系统的案例介绍来说明本节提出的 FMEA 故障模式优先级排序方法。

7.4 CCUS 项目管道运输风险评价

7.4.1 CCUS 管道运输风险评价简介

CCUS 技术需要将大量的二氧化碳从捕集地点输送到封存场地。一般来说，二氧化碳可以作为一种气体以超临界状态或作为液体来运输。管道是大容量、长距离、稳定输送二氧化碳最适合的运输方式。在标准条件下，二氧化碳是一种无色、无臭的气体，不易被人类察觉，密度大于空气。虽然二氧化碳不是有毒的，但它有可能引起重大事故，特别是那些与 CCUS 有关的重大事故。在世界范围内，CO_2 管道运输业务已经实施多年，积累了丰富的工程实践经验，其中美国有多年的 CO_2 管道运输业务经验，其主干管网运行的长度超过 6600 千米。然而，中国的二氧化碳运输主要依靠陆上、低温、油罐车运输，没有用于商业目的的二氧化碳输送管道。中国石油化工集团目前在中国正开展多个大型 CCUS 示范项目的研究、开发和建设[17]。如果 CCUS 技术想要广泛开展，以实现二氧化碳减排，就需要大量的二氧化碳管道网络。因此，除了二氧化碳捕集和封存风险之外，管道运输风险也是未来 CCUS 产业面临的主要风险之一。作为一种风险评估工具，故障模式与影响分析（FMEA）广泛应用于诸如航空航天、军工、汽车、电子、制造、化工和医疗技术行业等各个领域中系统、产品、过程或服务的可靠性分析[145][151][170][171]。通常，FMEA 的实施步骤如下：首先，定义和识别潜在故障模式；其次，评估每个故障模式的风险因素，例如严重性（S）、发生的

可能性（O）和难检性（D），并计算相应的风险排序数（RPN，风险因素精确值的乘积）；最后，按优先级对潜在故障模式进行排序，进而采取措施避免故障发生。

为了获取CCUS项目管道输送潜在故障模式风险因素评估的有效信息，通常成立一个FMEA团队，每一个FMEA团队成员均来自不同部门，都需提供有关风险因素严重性（S）、发生的可能性（O）和难检性（D）三个方面的评估信息。因此，故障模式与影响分析可以看作是一个多属性群决策（MCGDM）的问题。传统FMEA方法通常采用风险排序数RPN对潜在故障模式进行排序，FMEA团队成员通常将1至10的数字作为评价值，为风险因素打分，RPN是风险因素严重性（S）、发生可能性（O）和难检性（D）三者的乘积。具有较高RPN值的故障模式将被认定为比具有低RPN值的故障模式风险更大，并被赋予较高的风险排序[145]。然而，传统的FMEA也因为如下不足而受到批评：未考虑这三个风险因素（S，O，D）的相对重要性；没有考虑可能出现不同S、O、D值得出相同RPN值的情况；难以给出风险因素的精确评估值等[146]。为克服传统FMEA方法的缺陷，人们提出了许多改进的方法。许多新的风险评估方法已被用于在FMEA中更高效地识别并排序潜在故障模式，如多属性决策法[149][156]、数学规划法[172][173]、人工智能法[147][148][150][174]、综合法[144][175][176]及其他方法[146]。

阿塔纳斯（Atanassov）提出的直觉模糊集（IFS）以隶属度、非隶属度、犹豫度为特征，是以隶属度为特征的传统模糊集的延伸和拓展[177][178]。决策者给出风险因素的评估信息可以表示成直觉模糊数的形式，它可以显示出决策者的肯定、否定或犹豫的态度。IFS已在FMEA中被广泛应用于处理模糊性和不确定性的问题。常（Chang，2010）提出了一种结合直觉模糊集和决策试验与评价实验法（DEMATEL）的方法[145]。刘（Liu，2014）提出了一种运用直觉模糊混合加权欧氏距离（IFHWED）算子的高效全面的风险评估方法[171]。

证据理论，又称D-S证据理论，由登普斯特（Dempster）首次提出，而后其学生谢弗（Shafer）对此理论进一步完善。近年来证据理论已广泛应用于信息融合和不完全信息决策领域[131][179]。登普斯特的合成规则在信息融合中起着重要作用，是证据理论的核心基石之一。作为一种决策方法，证据理论可用于有效表达和融合不确定信息。赤音等人提出了运用证据推理（ER）方法的故障模式与影响分析[152]。基于传统FMEA和证据推理（ER）的方法，刘（Liu，2011）提出将模糊证据推理（FER）和灰色关联理论相结合的FMEA方法[180]。杨（Yang，2011）采用了D-S证据理论对飞机的涡轮转子叶片故障模式与影响进行分析[153]。然而当证据高度冲突时，运用Dempster合成规则得出的结论可能是反直观的[137][181]。人们已探索出一些替代方法来解决这个问题。墨菲（Murphy，2000）提出一种新的证据组合规则，先将证据的基本可信度分配进行平均，然后再使用 Dempster 组合规则进行信息融合[182]。邓勇等（Yong Deng et al.，2004）提出一种改进的冲突证据组合方法，根据证据的距离函数得到证据的可信度并将其作为证据的权重，据此融合冲突证据[183]。为了给基本概率分配排序，人们提出了一些证据距离的测量方法。约瑟姆（Jousselme，2001）基于经典相似性度量给出了 Jousselme 距离的定义[133]。刘（Liu，2006）通过实验验证了匹格涅斯特（pignistic）概率距离比 Jousselme 距离更能反映证据之间的冲突[134]。

无论是直觉模糊集还是证据理论，都可以应用于处理不确定信息。事实上这两者间存在紧密联系[174]。然而，现有研究并没有将 IFS 方法和证据理论相结合并应用于 FMEA 研究。迪莫瓦和塞瓦斯塔贾诺夫（Dymova and Sevastjanov，2010）在证据理论的框架下提出了对直觉模糊集进行解释的理论[184]。迪莫瓦和塞瓦斯塔贾诺夫（Dymova and Sevastjanov，2012）基于 D－S 理论框架研究直觉模糊集，提出了一些直觉模糊价值运算的算子，并进行了算例分析[185]。李（Li，2012）开发了一项综合证据理论、IFS 以及 DEMATEL 法的新方法，用于进行 FMEA 风险评估和方案选择[186]。史超等（2012）提出了一种基于直觉模糊集和证据理论的方法，可以融合多种表达形式的混合偏好信息[187]。受这些研究的启发，本书提出了一种基于直觉模糊集和证据理论的新的风险评估方法，对 FMEA 中的故障模式进行排序。基于直觉模糊理论与证据之间的密切联系，FMEA 团队成员用语言变量给出风险因素评估信息，这些语言信息可以转化为直觉模糊数（IFNs）形式，接着根据直觉模糊集和证据理论之间的关系可以将这些信息转化为证据理论中的基本概率分配。采用约瑟姆距离计算专家的权重，以便有效地结合高度冲突的证据。加权平均法和传统的 Dempster 合成规则用于实现信息融合。最后，信任区间应用于潜在故障模式的排序和选择。

本节的其余部分安排如下：在第二部分中，我们简要回顾一下有关直觉模糊集和证据理论的相关概念。第三部分将介绍一种基于直觉模糊集和证据理论的 CCUS 管道输送风险评价方法。第四部分结合一个数值算例来说明提出的这种方法。第五部分指出二氧化碳管道输送风险的防范建议。最后，得到本节的结论。

7.4.2 基本概念

本节将介绍一些直觉模糊集和证据理论的基本概念。

7.4.2.1 直觉模糊集（IFSs）的基本定义

定义 1：[177] 设 X 是一个非空集合。则称 $A=\{\langle x,\ \mu_A(x),\ v_A(x)\rangle \mid x\in X\}$ 为直

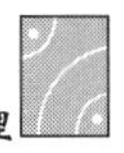

觉模糊集。

其中，函数$\mu_A(x)$和函数$v_A(x)$分别代表集合X中元素x属于A的隶属度和非隶属度，它们满足如下条件：

$$0 \leqslant \mu_A(x) \leqslant 1,\ 0 \leqslant v_A(x) \leqslant 1,\ 0 \leqslant \mu_A(x) + v_A(x) \leqslant 1 \tag{7-38}$$

第三个参数$\pi_A(x)$被称为x属于A的犹豫度：

$$\pi_A(x) = 1 - \mu_A(x) - v_A(x) \tag{7-39}$$

对于任意$x \in X$，显然有$0 \leqslant \pi_A(x) \leqslant 1$。

7.4.2.2 证据理论

证据理论已经由谢弗在登普斯特的研究基础上进一步完善。登普斯特合成规则用于融合多源的信息。信任区间被用来描述假设的不确定性。

(1) D－S证据理论的基本概念。

设$\Theta = \{H_1, H_2, \cdots, H_N\}$是一个有$N$个元素的有限集合，它是有限互斥非空集合，并有完备假设。Θ被称为识别框架。Θ的幂集记作$P(\Theta)$，其包含了Θ中所有子集，共2^N个子集[179][131]。基本概率分配（BPA）函数被定义成一个映射m：$P(\Theta) \rightarrow [0, 1]$，其满足以下条件：

$$m(\varnothing) = 0 \tag{7-40}$$

$$\sum_{A \subseteq P(\Theta)} m(A) = 1 \tag{7-41}$$

$$0 \leqslant m(A) \leqslant 1,\ A \subseteq P(\Theta) \tag{7-42}$$

$m(A)$被称为A的基本可信数或mass函数，表示对A的精确信任程度。若$\forall A \in \Theta$且$A > 0$，则称A为焦元。

定义2：[179][131]设Θ为辨识框架，m：$2^\Theta \rightarrow [0, 1]$为$\Theta$上的一个基本可信度分配，对于$\forall A \in \Theta$，满足：

$$Bel(A) = \sum_{B \subseteq A} m(B) \tag{7-43}$$

称Bel：$2^\Theta \rightarrow [0, 1]$为$\Theta$上信度函数。信度函数表达了对每个命题的信度。

显然有：

$$Bel(\varnothing) = 0 \tag{7-44}$$

$$Bel(\Theta) = 1 \tag{7-45}$$

其中，$Bel(A)$表示对焦元A的所有信任，即A中全部子集对应的BPA之和。$Bel(A)$可被认为是焦元A信任程度的下限。

定义3：[179][131]设Θ为辨识框架，似然函数Pl表示从2^Θ到$[0, 1]$上的一个映射，对于$\forall A \in \Theta$，满足：

$$Pl(A) = \sum_{A \cap B \neq \varnothing} m(B) \tag{7-46}$$

$Bel(A)$ 和 $Pl(A)$ 关系如下：

$$Pl(A)=1'-Bel(\bar{A}),\ \forall A\subseteq\Theta \tag{7-47}$$

其中，$\bar{A}$ 是假设 A 的否定。$Pl(A)$ 被称为 A 的似真度，表示我们不怀疑 A 的程度，并可作为焦元 A 信任程度的上限。$[Bel(A),\ Pl(A)]$ 是代表 A 的不确定性的后验置信区间。当焦元 A 未知程度增加，区间长度增加；未知程度减少，区间长度缩短。$Bel(A)$ 和 $Pl(A)$ 关系如图 7.8 所示。

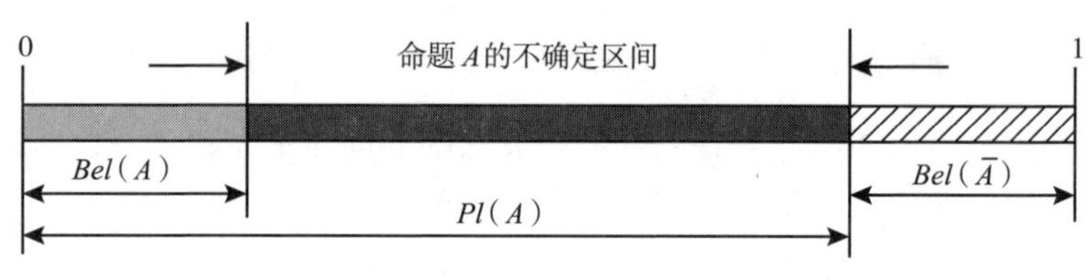

图 7.8　信念函数和似然函数

（2）Dempster 组合规则。

根据 D-S 证据理论，多来源的证据可通过如下 Dempster 组合规则来进行融合。Dempster 组合规则基本概念见本书第 6 章 6.4 节。在证据组合规则中，K 被称为冲突度，测量 m_1，m_2 间的冲突程度，且 $0\leqslant K\leqslant 1$。当 $K=0$ 时，意味着 m_1，m_2 间没有冲突；当 $K=1$ 时，意味着 m_1 和 m_2 是完全矛盾的。

（3）Jousselme 证据距离。

Jousselme 证据距离，是由约瑟姆（Jousselme）首次提出，是一种有效的证据距离度量方法。Jousselme 证据距离基本概念见本书第 6 章 6.4 节。为融合不同专家给出的多来源评估信息，解决高度冲突证据融合问题，本书采用了邓勇等人提出的加权平均法[183]。

7.4.2.3　证据理论框架下对直觉模糊集的解释

根据迪莫瓦和塞瓦斯塔贾诺夫提出的理论[184]，直觉模糊集可以在证据理论框架下被进一步解释。

假设一个直觉模糊集合 $A=\{\langle x,\ \mu_A(x),\ v_A(x)\rangle \mid x\in X\}$，$\mu_A(x)$，$v_A(x)$，$\pi_A(x)$ 分别代表三种假设：$x\in A$，$x\notin A$ 和不能确定 $x\in A$ 或 $x\notin A$ 的犹豫程度。上述情况可通过证据理论来解释。证据理论和直觉模糊集的关系如下所示：

$$m(Yes)=\mu_A(x) \tag{7-48}$$

$$m(No)=v_A(x) \tag{7-49}$$

$$m(Yes,\ No)=\pi_A(x) \tag{7-50}$$

基于证据理论的直觉模糊集 $A=\{\langle x,\ \mu_A(x),\ v_A(x)\rangle \mid x\in X\}$ 能写成如下

形式：

$$A = \{\langle x,\ BI_A(x)\rangle \mid x \in X\} \tag{7-51}$$

其中，

$$BI_A(x) = [Bel_A(x),\ Pl_A(x)] \tag{7-52}$$

是信任区间，

$$Bel_A(x) = m(Yes) = \mu_A(x) \tag{7-53}$$

$$Pl_A(x) = m(Yes) + m(Yes,\ No) = \mu_A(x) + \pi_A(x) = 1 - v_A(x) \tag{7-54}$$

假设有两个备选方案 x_i 和 x_j，这两个备选方案的信任区间如下：

$$BI_{com}(x_i) = [Bel(x_i),\ Pl(x_i)] \tag{7-55}$$

$$BI_{com}(x_j) = [Bel(x_j),\ Pl(x_j)] \tag{7-56}$$

其中，$x_i > x_j$ 的概率，可用于比较两个信任区间 $BI_{com}(x_i)$ 和 $BI_{com}(x_j)$，其定义如下[188][189]：

$$P_{ij} = P(x_i > x_j) = \begin{cases} 1, & Bel(x_i) > Pl(x_j); \\ \dfrac{Pl(x_i) - Bel(x_j)}{[Pl(x_i) - Bel(x_i)] + [Pl(x_j) - Bel(x_j)]}, & Pl(x_i) > Bel(x_j),\ Bel(x_i) < Pl(x_j); \\ 0, & Pl(x_i) \leqslant Bel(x_j)。 \end{cases} \tag{7-57}$$

7.4.3 基于直觉模糊集和证据理论的潜在故障模式风险评估方法

本节将提出一种基于直觉模糊集和证据理论的风险评估方法，用于对 CCUS 项目管道输送潜在故障模式进行优先级排序。FMEA 团队成员倾向于用语言形式评价风险因素，例如非常高、高、中、低、非常低等。假设在 FMEA 团队中有 k 个跨职能成员，记作 $TM_k(k=1,\ \cdots,\ p)$。他们共同讨论，针对 i 个潜在故障模式 $FM_i(i=1,\ \cdots,\ m)$ 评价其风险等级。每个故障模式需对 j 个风险因素 $RF_j(j=1,\ 2,\ 3)$ 进行评估，风险因素的权重记作 ω_j。λ_{ij}^k 指决策者的相对权重，反映了第 k 个决策者关于第 i 个潜在故障模式的第 j 个风险因素的相对重要性，$\sum_{k=1}^{p} \lambda_{ij}^k = 1$ 。

令 $\alpha_{ij}^k = (\mu_{ij}^k,\ v_{ij}^k)$ 是由 TM_k 团队成员基于 RF_j 对 FM_i 评估出的直觉模糊数。由此，与 IFNs 相关的多属性群决策问题可用矩阵形式简要表达成 $X^k = (\alpha_{ij}^k)_{m\times n}(k=1,\ \cdots,\ p)$。基于直觉模糊集和证据理论的 FMEA 方法流程图如图 7.9 所示，风险评估的主要步骤总结如下。

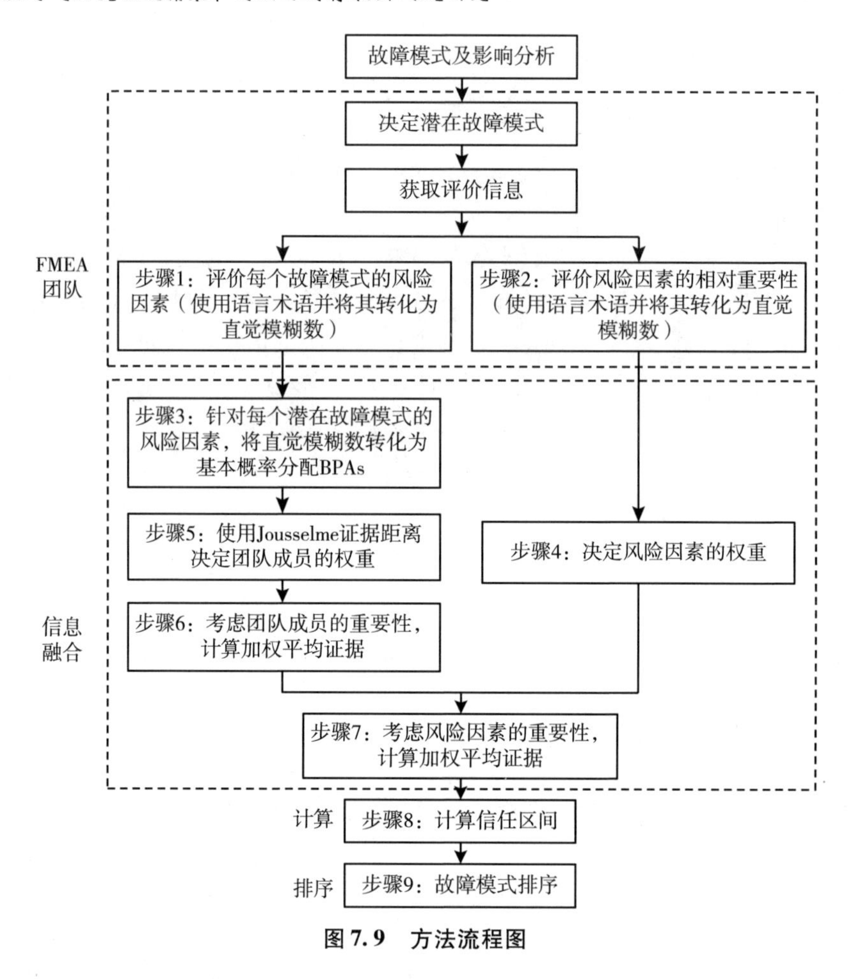

图 7.9　方法流程图

步骤 1：用语言变量和 IFNs 对每个潜在故障模式的风险因素 S、O、D 进行评估。

这三个风险因素可用十个语言等级来描述：非常低、很低、低、中低、中、中高、高、很高、非常高、极高。表 7.11 给出了这些语言等级的解释。根据表 7.11，决策者可对故障模式的严重性、发生的可能性、难检性进行评价。

步骤 2：通过以下方式将矩阵 X^k 中的直觉模糊数转化成 BPAs：

$$m_{ij}^k(Yes)=\mu_{ij}^k,\ m_{ij}^k(No)=v_{ij}^k,\ m_{ij}^k(Yes,\ No)=1-\mu_{ij}^k-v_{ij}^k \tag{7-58}$$

为了能用 Dempster 合成规则融合直觉模糊数中蕴含的信息，需要将直觉模糊数转化成 BPAs。

例如，第一位团队成员 TM_1 对潜在故障模式 FM_1 的严重性（S）的评语级为很高（VH），这一语言变量可根据表 7.11 转化成直觉模糊数。

即：

$$\mu_{11}^{1}=0.8;\ v_{11}^{1}=0.1;\ \pi_{11}^{1}=0.1$$

可写成如下 BPAs 形式：

$$m_{11}^{1}(Yes)=0.8;\ m_{11}^{1}(No)=0.1;\ m_{11}^{1}(Yes,\ No)=0.1$$

表 7.11　　评估风险因素（严重性、发生的可能性、难检性）的语言变量

语言变量	直觉模糊数（IFNs）	严重性（S）	发生的可能性（O）	难检性（D）
非常低（VVL）	(0.10, 0.90)	几乎无人员伤亡	故障几乎不可能发生	对于故障发生的检测是完全确定的
很低（VL）	(0.10, 0.75)	很低的人员财产损失	故障有可能发生一次，但不太可能更频繁地发生	对于故障发生的检测几乎是确定的
低（L）	(0.25, 0.60)	低人员财产损失	故障发生的概率低	故障的发生很可能被检测到
中低（ML）	(0.40, 0.50)	人员财产中低等损失	故障发生的概率较低	故障的发生很可能被检测到
中（M）	(0.50, 0.40)	人员财产中度损失	故障发生的概率中等	可能检测到故障的发生
中高（MH）	(0.60, 0.30)	人员财产损失较高	故障发生的概率较高	有些可能检测到故障的发生
高（H）	(0.70, 0.20)	高人员财产损失	故障发生的概率高	检测到故障发生的可能性小
很高（VH）	(0.80, 0.10)	很高的人员财产损失	故障发生的概率很高	检测到故障发生的概率低
非常高（VVH）	(0.90, 0.10)	非常高的人员财产损失	故障发生的概率非常高	检测到故障发生的概率很低
极高（EH）	(1.00, 0.00)	严重的人员伤亡和财产损失	故障发生的概率极高	几乎无法检测出故障发生

资料来源：1. Emre Boran, Serkan Genc, Mustafa Kurt, Diyar Akay. A multi-criteria intuitionistic fuzzy group decision making for supplier selection with TOPSIS method. Expert Systems with Applications, Vol. 36, No. 8, October 2009, pp. 11363 - 11368[190]. 2. HuChen Liu, Long Liu, Nan Liu, Lingxiang Mao, Risk evaluation in failure mode and effects analysis with extended VIKOR method under fuzzy environment. Expert Systems with Applications, Vol. 39, No. 17, December 2012, pp. 12926 - 12934.

步骤3：确定风险因素的权重。令 $D_j=(\mu_j, v_j, \pi_j)$，为FMEA团队成员给出的直觉模糊数，则风险因素的权重 ω_j 可通过宝兰等（Boran et al.，2009）提出的式（7－59）获得[190]。

$$\omega_j = \frac{(\mu_j + \pi_j(\mu_j/(\mu_j + v_j)))}{\sum_{j=1}^{n}(\mu_j + \pi_j(\mu_j/(\mu_j + v_j)))} \tag{7-59}$$

其中，$\sum_{j=1}^{n}\omega_j = 1$。

如表7.12所示，决策者评价风险因素重要度的语言变量可用IFNs表示。

表7.12　风险因素相对重要度的语言变量

语言变量	IFNs
非常重要	(0.90，0.10，0.00)
重要	(0.75，0.20，0.05)
一般	(0.50，0.45，0.05)
不重要	(0.35，0.60，0.05)
非常不重要	(0.10，0.90，0.00)

资料来源：Emre Boran，Serkan Genc，Mustafa Kurt，Diyar Akay. A multi-criteria intuitionistic fuzzy group decision making for supplier selection with TOPSIS method. Expert Systems with Applications，Vol. 36，No. 8，October 2009，pp. 11363－11368.

步骤4：用Jousselme证据距离确定团队成员的权重 λ_{ij}^k。

假设 $m_{ij}^q=\{m_{ij}^q(Yes), m_{ij}^q(No), m_{ij}^q(Yes, No)\}$ 和 $m_{ij}^t=\{m_{ij}^t(Yes), m_{ij}^t(No), m_{ij}^t(Yes, No)\}(q, t=1, 2, \cdots, p)$ 是由两位团队成员给出的两个证据。Jousselme证据距离用于定义 m_{ij}^q，m_{ij}^t 间的距离 $\mathrm{d}(m_{ij}^q, m_{ij}^t)$。

m_{ij}^q、m_{ij}^t 间的相似性可通过如下计算：

$$s(m_{ij}^q, m_{ij}^t)=1-\mathrm{d}(m_{ij}^q, m_{ij}^t) \tag{7-60}$$

$Sup(m_{ij}^k)$ 代表证据 m_{ij}^k 被其他证据支持的程度。相似度函数 $Sup(m_{ij}^k)$ 和 m_{ij}^k 的可靠度 $crd(m_{ij}^k)$ 可由以下公式计算得出：

$$Sup(m_{ij}^k) = \sum_{t=1, t\neq k}^{p} s(m_{ij}^k, m_{ij}^t) \tag{7-61}$$

$$crd(m_{ij}^k) = Sup(m_{ij}^k)/\sum_{t=1}^{p} Sup(m_{ij}^t) \tag{7-62}$$

这样FMEA团队成员的权重向量 λ_{ij}^k 可由式（7－55）计算得出：

$$\lambda_{ij}^{k} = crd(m_{ij}^{k}) = Sup(m_{ij}^{k}) / \sum_{t=1}^{p} Sup(m_{ij}^{k}) \tag{7-63}$$

步骤5：基于团队成员的权重计算证据的加权平均值，并通过多次集结得到改进的 mass 函数。

定义了团队成员的权重 λ_{ij}^{k}之后，证据的加权平均值可按如下公式给出：

$$m'_{ij}(Yes) = \sum_{k=1}^{p} \lambda_{ij}^{k} \cdot m_{ij}^{k}(Yes) \tag{7-64}$$

$$m'_{ij}(No) = \sum_{k=1}^{p} \lambda_{ij}^{k} \cdot m_{ij}^{k}(No) \tag{7-65}$$

$$m'_{ij}(Yes, No) = 1 - \sum_{k=1}^{p} \lambda_{ij}^{k} \cdot m_{ij}^{k}(Yes) - \sum_{k=1}^{p} \lambda_{ij}^{k} \cdot m_{ij}^{k}(No) \tag{7-66}$$

若有 p 个证据，经典的 Dempster 合成规则为得出加权平均值需要计算 $p-1$ 次。对于每个潜在故障模式 FM_i 而言，我们能得到基本分配函数 $m''_{ij}(Yes)$，$m''_{ij}(No)$ 和 $m''_{ij}(Yes, No)$，其综合了团队成员给出的全部评估信息。

步骤6：在考虑风险因素的权重下计算证据的加权平均值，并通过多次整合平均值得到综合（mass）函数。

基于潜在故障模式风险因素权重的证据加权平均值可按如下公式给出：

$$m'_{i}(Yes) = \sum_{j=1}^{n} \omega_j \cdot m''_{ij}(Yes) \tag{7-67}$$

$$m'_{i}(No) = \sum_{j=1}^{n} \omega_j \cdot m''_{ij}(No) \tag{7-68}$$

$$m'_{i}(Yes, No) = 1 - \sum_{j=1}^{n} \omega_j \cdot m''_{ij}(Yes) - \sum_{j=1}^{n} \omega_j \cdot m''_{ij}(No) \tag{7-69}$$

因为对风险因素有三个修正的证据，所以需要使用两次 Dempster 组合准则进行信息融合。对于每个潜在故障模式 FM_i，基本分配函数 $m_i(Yes)$，$m_i(No)$ 和 $m_i(Yes, No)$ 集合了所有风险因素、信任区间［$Bel(FM_i)$，$Pl(FM_i)$］包含的评估信息。

$$Bel(FM_i) = m_i(Yes) \tag{7-70}$$

$$Pl(FM_i) = -m_i(Yes) + m_i(Yes, No) \tag{7-71}$$

步骤7：对所有故障模式进行排序。

在传统的 FMEA 中，RPN 由 S、O、D 的乘积得出。而本书提出的方法计算了信任区间，并能得出每个故障模式的上下界。每个故障模式的信任区间均可通过式（7-70）~式（7-71）得出再进行比较。最终可按升序排列故障模式。

7.4.4 案例应用

一个由五位跨职能成员组成的 FMEA 团队识别 CCUS 项目二氧化碳管道输送中的潜在故障模式，并根据故障模式的风险因素（如 S、O、D）对它们进行排序。共确认 12 个潜在故障模式，如 CCUS 输送管道小孔、管道断裂、阀门操作不当、压缩机故障、管道材料存在缺陷等。由于精确评估风险因素的困难性，FMEA 团队成员假定以语言变量来评价它们，其可按表 7.11 转化成直觉模糊数 IFNs 的形式。

步骤 1：五位团队成员分别对 12 个故障模式的每一风险因素评估给出语言评价信息，如表 7.13 所示。这五位团队成员来自不同部门，例如设计部门、制造部门、技术服务部门。由于他们具有不同的领域知识和专业技能，他们被赋予了不同的重要性。

表 7.13　　五位团队成员对风险因素 S、O、D 的语言评价

失效模式	严重性（S）					发生的可能性（O）					难检性（D）				
	TM_1	TM_2	TM_3	TM_4	TM_5	TM_1	TM_2	TM_3	TM_4	TM_5	TM_1	TM_2	TM_3	TM_4	TM_5
FM_1	VH	VVH	L	H	VH	M	MH	ML	H	MH	ML	ML	MH	M	M
FM_2	VVH	VH	VH	VVL	H	M	M	MH	VL	M	ML	MH	MH	H	M
FM_3	H	MH	VH	L	H	ML	M	L	MH	M	ML	M	L	L	MH
FM_4	M	ML	H	M	MH	H	M	ML	H	M	ML	ML	H	L	L
FM_5	L	M	MH	MH	M	H	ML	VVL	ML	L	L	L	ML	ML	M
FM_6	L	ML	M	L	M	M	MH	L	M	MH	MH	ML	M	ML	ML
FM_7	M	L	H	M	MH	M	M	L	H	M	ML	M	MH	M	ML
FM_8	M	ML	MH	L	H	L	MH	MH	L	M	H	MH	L	MH	VL
FM_9	L	M	H	L	M	M	MH	L	VL	L	L	M	M	ML	L
FM_{10}	L	ML	ML	M	M	L	L	L	ML	M	ML	MH	ML	ML	ML
FM_{11}	L	M	MH	M	M	L	M	M	M	M	L	L	M	L	MH
FM_{12}	ML	M	ML	L	MH	M	VL	VL	VL	VL	ML	L	M	VL	L

步骤 2：将每个矩阵 X^k 中的 IFN 转变成 BPA。这些语言变量评价能转化成相应的 IFN 形式。

步骤 3：确定风险因素的权重。表 7.14 显示了 FMEA 团队成员给出的风险因

素的相对重要性。利用表 7. 12 能将这些语言变量转化成 IFNs。进而计算风险因素的权重，其结果分别为 0. 4009，0. 3516，0. 2475。

表 7. 14　　风险因素的重要性

风险因素	语言变量
严重性	非常重要
发生的可能性	重要
难检性	一般

步骤 4：用 Jousselme 证据距离确定 FMEA 团队成员的权重。得出的团队成员的权重如表 7. 15 所示。

表 7. 15　　团队成员的权重

失效模式	严重性（S）					发生的可能性（O）					难检性（D）				
	TM_1	TM_2	TM_3	TM_4	TM_5	TM_1	TM_2	TM_3	TM_4	TM_5	TM_1	TM_2	TM_3	TM_4	TM_5
FM_1	0. 2118	0. 2117	0. 1463	0. 2184	0. 2118	0. 2035	0. 2093	0. 1860	0. 1919	0. 2093	0. 2000	0. 2000	0. 1889	0. 2056	0. 2056
FM_2	0. 2188	0. 2356	0. 2356	0. 0800	0. 2299	0. 2218	0. 1951	0. 2151	0. 1463	0. 2218	0. 1860	0. 2093	0. 2093	0. 1919	0. 2035
FM_3	0. 2172	0. 2248	0. 1939	0. 1994	0. 1646	0. 2044	0. 2105	0. 1817	0. 1929	0. 2105	0. 2089	0. 2032	0. 2013	0. 2013	0. 1851
FM_4	0. 2093	0. 1919	0. 1860	0. 2093	0. 2035	0. 2000	0. 2056	0. 1889	0. 2000	0. 2056	0. 2101	0. 2101	0. 1749	0. 2025	0. 2025
FM_5	0. 1700	0. 2104	0. 2046	0. 2046	0. 2104	0. 1638	0. 2268	0. 1671	0. 2268	0. 2155	0. 1989	0. 1989	0. 2063	0. 2063	0. 1896
FM_6	0. 1978	0. 2051	0. 1997	0. 1978	0. 1997	0. 2104	0. 2046	0. 1700	0. 2104	0. 2046	0. 1833	0. 2056	0. 2000	0. 2056	0. 2056
FM_7	0. 2146	0. 1723	0. 1900	0. 2146	0. 2085	0. 1889	0. 2056	0. 2056	0. 2000	0. 2000	0. 2000	0. 2056	0. 1889	0. 2056	0. 2000
FM_8	0. 2138	0. 2057	0. 2075	0. 1829	0. 1885	0. 1940	0. 2020	0. 2020	0. 1940	0. 2081	0. 1987	0. 2199	0. 1966	0. 2199	0. 1648
FM_9	0. 1989	0. 2134	0. 1753	0. 1989	0. 2134	0. 2008	0. 1813	0. 2157	0. 1864	0. 2157	0. 1978	0. 1997	0. 1997	0. 2051	0. 1978
FM_{10}	0. 1846	0. 2066	0. 2066	0. 2011	0. 2011	0. 1978	0. 1978	0. 2051	0. 1997	0. 1997	0. 2065	0. 1739	0. 2065	0. 2065	0. 2065
FM_{11}	0. 1718	0. 2113	0. 1941	0. 2113	0. 2113	0. 1697	0. 2076	0. 2076	0. 2076	0. 2076	0. 2092	0. 2092	0. 1952	0. 2092	0. 1772
FM_{12}	0. 2104	0. 2047	0. 2104	0. 1874	0. 1871	0. 1466	0. 2133	0. 2133	0. 2133	0. 2133	0. 2063	0. 1989	0. 1896	0. 2063	0. 1989

步骤 5：集结所有团队成员的 BPA，得出每一潜在故障模式风险因素的改进 mass 函数。在考虑决策者重要性的情况下，得出加权平均 mass 函数，其结果如表 7. 16 所示。因为有五个证据，所以可以使用经典 Dempster 合成规则合成四次以得到加权平均数。

表 7.16　　风险因素 S、O、D 的加权证据体

故障模式	严重性（S）			发生的可能性（O）			难检性（D）		
	$m'_{ij}(Yes)$	$m'_{ij}(No)$	$m'_{ij}(Yes, No)$	$m'_{ij}(Yes)$	$m'_{ij}(No)$	$m'_{ij}(Yes, No)$	$m'_{ij}(Yes)$	$m'_{ij}(No)$	$m'_{ij}(Yes, No)$
FM_1	0.6554	0.2373	0.1073	0.5616	0.3384	0.1000	0.4789	0.4211	0.1000
FM_2	0.7429	0.1870	0.0701	0.5020	0.3907	0.1073	0.5616	0.3384	0.1000
FM_3	0.5084	0.3734	0.1182	0.4534	0.4375	0.1091	0.3969	0.4829	0.1201
FM_4	0.5384	0.3616	0.1000	0.5211	0.3789	0.1000	0.3742	0.5055	0.1202
FM_5	0.4984	0.3931	0.1085	0.3667	0.5392	0.0941	0.3593	0.5208	0.1199
FM_6	0.3806	0.4996	0.1198	0.4984	0.3931	0.1085	0.4567	0.4433	0.1000
FM_7	0.5158	0.3756	0.1086	0.4789	0.4211	0.1000	0.4789	0.4211	0.1000
FM_8	0.4920	0.3988	0.1091	0.4434	0.4372	0.1194	0.4686	0.4133	0.1181
FM_9	0.4356	0.4445	0.1199	0.3357	0.5334	0.1309	0.3806	0.4996	0.1198
FM_{10}	0.4125	0.4782	0.1092	0.3806	0.4996	0.1198	0.4348	0.4652	0.1000
FM_{11}	0.4765	0.4150	0.1086	0.4576	0.4339	0.1085	0.3608	0.5078	0.1314
FM_{12}	0.4298	0.4609	0.1094	0.1587	0.6987	0.1427	0.3593	0.5208	0.1199

步骤 6：根据风险因素权重计算集结的 mass 函数。在考虑风险因素的权重之后，能计算出证据的加权平均值和潜在故障模式的信任函数、似然函数。表 7.17 显示了相关的计算结果。

表 7.17　　考虑风险因素权重的故障模式改进基本可信度分配及故障模式排序结果

故障模式	$m'_i(Yes)$	$m'_i(No)$	$m'_i(Yes, No)$	*Bel*	*Pl*	排名
FM_1	0.9815	0.0184	0.3715	0.9958	0.9958	2
FM_2	0.9968	0.0032	0.1132	0.9972	0.9972	1
FM_3	0.7707	0.2291	0.6832	0.7144	0.7144	6
FM_4	0.8349	0.1650	0.7644	0.8924	0.8924	4
FM_5	0.7217	0.2782	0.8104	0.2194	0.2194	9
FM_6	0.2558	0.7440	0.4697	0.4629	0.4629	8
FM_7	0.7809	0.2190	0.3715	0.9164	0.9164	3
FM_8	0.6989	0.3010	0.3785	0.8024	0.8024	5

续表

故障模式	$m'_i(Yes)$	$m'_i(No)$	$m'_i(Yes, No)$	Bel	Pl	排名
FM_9	0. 4801	0. 5197	0. 7440	0. 0802	0. 0802	11
FM_{10}	0. 3559	0. 6440	0. 5687	0. 1195	0. 1195	10
FM_{11}	0. 6353	0. 3645	0. 7869	0. 5057	0. 5057	7
FM_{12}	0. 4303	0. 5696	0. 8104	0. 0225	0. 0225	12

步骤7：为所有故障模式排序。在传统 FMEA 中，RPN 由 S、O、D 评级的乘积得出。根据本节提出的方法，按故障模式的整体上界（似然性）对它们进行排序。表 7. 17 显示了使用本节所提出的基于直觉模糊集和证据理论的 FMEA 方法进行排序的结果。

由表 7. 17 可以看出，在直觉模糊集和证据理论相结合的 FMEA 方法下，故障模式 FM_2 排序的等级最高，故障模式 FM_1 排名第二，故障模式 FM_{12} 排名最后。

7. 4. 5 二氧化碳管道输送风险防范建议

第一，针对二氧化碳突发性和缓慢性泄漏，制定详细的工程补救措施和管理措施，并根据风险水平上报管理部门登记管理。

第二，与人口密集区、资源开采区、环境敏感区等确定出合理的环境防护距离，并确保运输的安全防护工作。

第三，制定关于运输相关设备的防腐措施，定期检测腐蚀情况。

第四，制定管道压力监测计划。

7. 4. 6 结论

管道输送是二氧化碳输送最适合的输送方式，二氧化碳在管道中安全可靠地输送是 CCS 项目的基础。FMEA 是一种广泛应用的风险管理方法，用于识别复杂系统潜在的故障模式，并为决策提供有用的信息。本节通过构建基于直觉模糊集和证据理论的风险排序模型用以在 FMEA 中进行风险评估。通过使用语言变量和直觉模糊数对风险因素进行评估，根据直觉模糊数与证据理论之间的紧密联系，可以将直觉模糊数转化为证据理论中的基本概率分配函数，并确定简化的基本辨识框架，采用 Jousselme 的证据距离计算专家权重，以有效融合高度冲突的证据，最后利用经典的 Dempster 组合规则实现信息融合，对二氧化碳输送管道的潜在故障模式进行优先级排序。

CCUS技术是实现二氧化碳大规模减排的关键技术选择。我国CCUS技术发展刚刚起步，国内许多发电厂大都靠近人口稠密地区，如果大规模实施CCUS，将有大量的二氧化碳输送管道网络通过人口稠密的地区。本研究通过分析评价二氧化碳输送管道潜在故障模式，识别二氧化碳管道输送的潜在风险因素，从而为后续二氧化碳输送管道的建设提供决策依据。

7.5 CCUS项目地质封存安全风险评价

7.5.1 CCUS项目地质封存安全风险评价简介

随着经济全球化的不断发展，世界对化石燃料的依赖性有增无减。以煤、石油为主的化石燃料被持续开采和燃烧，使得工业及生活中产生的废气排放量日益增加。近五十年来，全球气候急剧变化。有数据表示，与工业革命时期相比，全球平均气温已经提升了0.8℃，而近年来自然灾害的频发也证明了全球气候变化是真实存在的，这使得温室效应问题备受世界关注。为了解决温室效应等一系列问题，从根源上出发，实现二氧化碳的深度减排是人类可持续发展的必由之路，也是世界各国维持经济与环境可持续发展的共同挑战。在2005年生效的《京都协议书》中已经达成共识，无论是发达国家还是发展中国家，应当根据自己的国情对二氧化碳减排承担相应的责任与义务。随着当今世界二氧化碳减排技术的发展，以欧美国家地区为先导，二氧化碳的捕集、利用与封存技术（carbon capture，utilization and storage，CCUS）被作为国家战略性选择而越来越受到世界各国的关注。根据国际能源署（IEA）的推测，为达成将全球温升控制在2℃以内的目标，CCUS技术的减排贡献会逐年提升，到了2050年将实现19%的减排效果，成为减排份额最大的单项技术[104]。在CCUS技术中，被欧美发达国家证实的最具潜力、最有效的措施之一，是已在许多发达国家深入推广的二氧化碳地质封存（CO_2 geological storage，CGS）技术。

二氧化碳封存技术主要可以分为地质封存、海洋封存、矿石碳化以及在工业流程中将二氧化碳资源化利用这四个方面[191]。二氧化碳地质封存的基本思路是，通过一定的捕获技术，从固定的二氧化碳集中排放源，如发电厂、煤炭采集场等工业源中，将高纯度的二氧化碳从工业废气中分离出来，压缩之后运输到具有良好封闭性的存储地点，以超临界状态（温度高于31.1℃，压力高于7.38MPa）

灌注到地下 800 米以上的地层中，利用地质结构的气密性等特点，将二氧化碳永久封存起来。封存地点主要包括沉积盆地内的深部咸水含水层、开采中或已废弃的油气田、因技术或经济原因而不可开采或弃采的煤层以及其他合适的地质介质。同时，还需具备相应的条件，包括位于地质结构相对稳定，地震、火山等活动不发育的地区；需要有稳定性较好的岩层，如砂岩作为二氧化碳的储层，不能有古断层或活动断层，具有一定厚度，孔隙度和渗透率高，以避免流体流动泄漏，并且其范围还能达到所需的存储容量；在存储层之上需要有不透气、无裂缝、岩性致密、渗透性低的岩层，如泥岩、页岩作为盖层，使得封存的二氧化碳气体难以向上逸散，泄漏至大气中等[125][192]。二氧化碳地质封存具有存储容量大、时间长等优点。自然界中二氧化碳气藏的真实存在，就可以证实二氧化碳是可以在地下存储数万年，甚至数千万年的[125]。

随着二氧化碳地质封存技术研究水平的进步，世界各国对二氧化碳地质封存技术的关注度越来越高。然而，二氧化碳地质封存技术发展至今仍在安全方面存在许多不确定性，人们对二氧化碳泄漏导致的后果有一定的顾虑。二氧化碳地质封存的安全风险是多种多样的，但归根结底，最主要的、也最受人们关注的是二氧化碳泄漏的风险。一般来说，由于二氧化碳的不慎泄漏，可能会威胁人类健康，影响生态环境正常状态，污染地下水以及诱发地震、地面变形等地质灾害。如果想要大规模开发二氧化碳地质封存技术、推进商业化发展，选择合适的风险评估方法，对运用该技术的项目进行安全风险评价就显得十分必要。分析、评价工程项目风险的方法有很多，如模糊综合评价法、概率风险评价（probability risk assessment，PRA）、故障树（fault tree analysis，FTA）、风险评审技术（venture evaluation review technique，VERT）、影响图（influence diagrams，ID）、贝叶斯网络（bayesian network，BN）等[193]。其中，故障树分析法是对二氧化碳地质封存项目安全风险进行定性、定量分析的有效途径。发达国家对二氧化碳地质封存技术已取得一定的研究成果，且公众对技术的认识程度较高[194]。国外已有不少学者通过故障树分析法对 CCUS 技术、CGS 技术的风险进行分析。奥莱·米尔扎马尼等（Oraee - Mirzamani et al.，2013）利用故障树和 AHP 法研究与二氧化碳的捕集与封存技术（CCUS）有关的风险事件发生的概率和可能性分析，建立了可进行分析的二氧化碳泄漏层次结构，认为虽然故障树分析法在 CCUS 技术领域并未被广泛推广，但通过故障树图可以直观地看出一个复杂系统中影响风险事件发生的各种原因，以及它们之间的联系，便于风险控制者或政策指定人检查各项风险发生的可能性，有效地做出防范风险的措施[195]。法雷（Farret，2011）从 CCUS 技术的施工流程（捕集、运输、灌注、封存）入手，分析出多种潜在风险事件，并以二氧化碳泄漏风险为例，运用故障树模型，具体、全面地描述风险发生的原因事件，包括裂缝泄漏、渗透泄漏等，并找出各个事件之间的联系，为进一步防范风险的研究提供直观的基础信息，主要应用于深部含水层封存生命周期的各个阶段[196]。伊拉尼（Irani，2012）基于故障树分析框架，以加拿大韦本（Weyburn）项目为例，采用蝴蝶结模型（Bowtie 模型）来研究二氧化碳地质封存风险评价问题[197]。国内二氧化碳地质封存风险评价尚处于起步阶段。刁玉杰（2012）基于传统的风险管理分析框架，对二氧化碳地质封存泄漏风险进行风险识别、风险评估和风险控制，构建了包括地质因素、工程单元因素、施工因素和其他因素在内的二氧化碳地质封存泄漏风险评估指标体系，并提出了风险控制和风险补救措施[198]。王重卿（2012）考虑到风险的不确定性，采用模糊综合评价法对二氧化碳地质封存风险进行评价[10]。任姝娟等（2014）进行了二氧化碳地质储存工程环境影响风险评价，提出了二氧化碳地质储存环境风险评价原则和评价内容以及泄漏事故影响预测方法，并分析了相应的应急措施预案[71]。但这些研究均未对二氧化碳地质封存风险以及风险事件之间的因果关系进行深入量化分析。因此，本节运用故障树分析法对二氧化碳地质封存安全风险进行分析，是对国内二氧化碳地质封存技术安全风险评价的适当补充。

CGS 系统是由众多子系统或部件通过不同的方式联系在一起的，为确保系统安全性，管理人员需采用可靠、经济的方法如直接的二氧化碳浓度监测，对地下水、生态系统和土壤气体的监测等[199]对二氧化碳泄漏进行监测，然而有时很难获取完整、充足的监测数据。传统的风险评价方法大都建立在概率论基础上[193]，一般要求所有的概率都是精确的。而对于 CGS 系统，往往很难获取大量的先验概率信息。为了解决 CGS 系统安全风险评价中有效信息不充足的问题，需要应用新的理论来处理。证据理论，由登普斯特于 1967 年首次提出，后由谢弗等人对其进行了推广和完善，能够在不具备先验信息的前提下，通过将系统不确定信息转化为证据，实现多源信息融合，目前已经成为不确定信息表达和处理的有力工具[200][131]。该理论允许在不同辨识框架（Θ）幂集上建立基本可信度分配（basic probability assignment，BPA），用取值在区间 [0，1] 内的信度函数（belief function，*Bel*）与似然函数（plausilility function，*Pl*）两个数值组成的信任区间（$[Bel(X), Pl(X)]$）表示决策者在给定证据下对命题（方案）X 的信念，采用 Dempster – Shafer 证据合成规则（简称 D – S 规则）完成对不确定数据的融合，已在多属性决策、信息融合、风险评估、审计分析、故障诊断与模式识别等多个领域得到广泛应用。国外学者伊拉尼（Irani，2012）以加拿大韦本项目为例，采用模糊语言评价和证据理论相结合的方法进行风险评价[197]。哈拉吉语（Khalaj，2012）基于故障树和证据理论，在有效数据不足的情况下对复杂生产

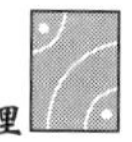

系统进行风险和可靠性评价[201]。费尔杜斯等（Ferdous et al.，2011）在不确定条件下运用故障树和事件树进行过程系统风险分析，采用模糊集和证据理论来描述事件发生可能的不确定性[202]。国内学者杨建平（2012）基于故障树和证据理论进行复杂系统可靠性分析[203]。

7.5.2 故障树和证据理论基础知识

7.5.2.1 故障树基础知识

故障树分析法（fault tree analysis，FTA）是20世纪60年代初由美国贝尔电报公司开发的一种基于图形逻辑演绎的风险分析方法，最初用于分析导弹发射系统的安全风险，后来由于美国运用故障树分析法对其核电站进行大量风险评价，使之迅速被世界所关注，推广至各个工业领域，并逐渐发展至今，成为一种有效的风险分析方法[142]。

故障树分析法是分析系统工程安全的重要方法，是通过客观分析工程项目的风险，根据系统中可能发生的事故，采用图形逻辑演绎的形式，尽可能地列举出潜在危险因素，运用规定的符号，绘制出一个类似倒置的树的逻辑树图，简洁、形象地表示出所分析项目中各种导致风险发生的事件之间的因果关系和逻辑关系。可以通过定性分析或定量分析的途径，为工程项目的安全管理提供依据，防范风险事件的发生。

故障树图是FTA方法的核心，也是最重要的分析成果。FTA方法中所分析的事件可以按逻辑层次进行划分，且记录于相应的事件符号之内，绘制于故障树图中。故障树图一般包括顶事件、底事件（基本事件）、中间事件和逻辑关系等基本要素。在不考虑事件发生概率的情况下，可以通过定性分析，自下而上或自上而下逐级进行事件集合运算，得出故障树的最小割集、最小径集和结构重要度，进一步找出导致顶事件发生的原因事件集合，以及分析哪些原因事件对系统事故发生的影响程度最大。故障树定量分析是通过对每一项原因事件进行简单的概率估计后，代入到概率计算公式中，可以求出顶事件发生的概率，判断事故发生的可能性大小[142]。

在传统的FTA中，事件发生的概率是精确值，但是，对于二氧化碳地质封存系统而言，由于系统知识和实验数据的缺乏，很难得到FTA分析中事件发生概率的精确值。可以将故障树与证据理论相结合，基于信任区间进行二氧化碳地质封存安全风险评价。

7.5.2.2　证据理论基础知识

证据理论可以在有效数据不足的情况下描述二氧化碳地质封存不确定风险事件，具有不确定性决策的特性，同时 Dempster 组合规则可以有效融合决策者评价信息[131]。证据理论基本概念见本书第6章6.4节和第7章7.4节。

7.5.2.3　故障树各逻辑关系的证据区间表示

故障树中各种事件通常通过并联、串联和混联的方式组合在一起。由于缺乏数据，很难精确出底事件发生的概率。而证据理论可以通过专家知识来确定底事件发生的可能性。假设一个二氧化碳地质封存系统由 n 个底事件组成，则底事件 $X_i(i=1, \cdots, n)$ 发生的可能性可以由区间概率 $[Bel(X_i), Pl(X_i)]$ 来表示。可以通过表7.18中所示公式来确定顶事件 T 发生的概率[202]。

表7.18　　故障树各逻辑关系表示图及证据区间表示

组合方式	系统图	区间概率算子公式
串联	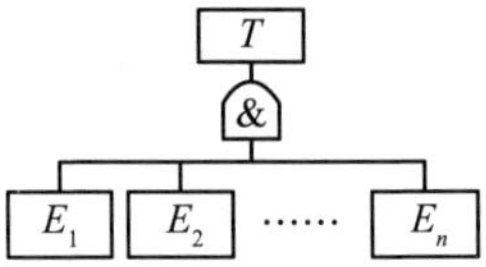 T；&；E_1　E_2　……　E_n	$P(T) = \prod_{i=1}^{n}[Bel(E_i), Pl(E_i)]$
并联	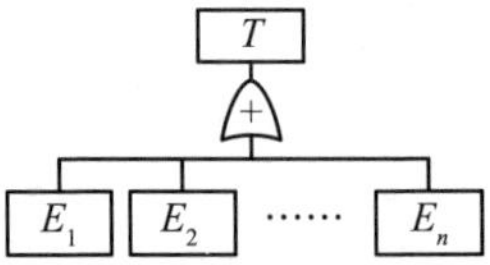 T；+；E_1　E_2　……　E_n	$P(T) = [1, 1] - \prod_{i=1}^{n}[1 - Bel(E_i), 1 - Pl(E_i)]$
混联	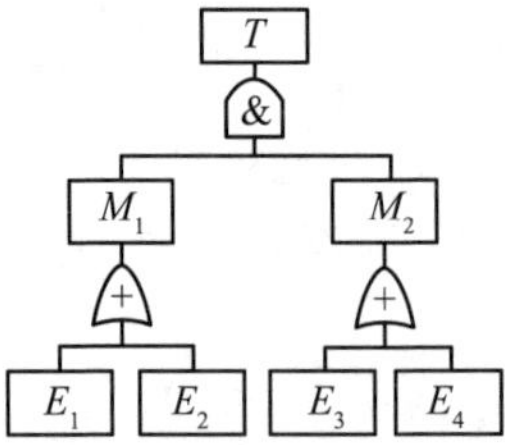 T；&；M_1　M_2；+　+；E_1　E_2　E_3　E_4	$P(T) = ([1, 1] - [Bel(E_1), Pl(E_2)]) \times ([1, 1] - [Bel(E_3), Pl(E_4)])$

资料来源：Refaul Ferdous, Faisal Khan, Rehan Sadiq, Paul Amyotte, B. Veitch. Fault and Event Tree Analyses for Process Systems Risk Analysis: Uncertainty Handling Formulations. Risk Analysis, Vol. 31, No. 1, January 2011, pp. 86 – 107.

7.5.3 二氧化碳地质封存故障树构建

二氧化碳地质封存的安全风险是客观存在的，本书将利用故障树分析法，充分分析导致二氧化碳泄漏的原因，绘制二氧化碳地质封存故障树图，进行故障树定性分析。并在此基础上，将故障树和证据理论相结合进行安全风险评价，为提出防范风险建议提供有力支撑。

7.5.3.1 确定顶事件

二氧化碳地质封存是通过管道分离技术将二氧化碳分离出来，以超临界状态注入具备特定条件的地下800米以上的深处，利用地质结构永久性地封存二氧化碳的过程。若二氧化碳泄漏到储层以外的外界环境，将对各个方面产生一定的危害，因此，该项目安全风险的顶事件便是二氧化碳的泄漏。

7.5.3.2 分析原因事件

IPCC国家温室气体清单指南曾总结出4条二氧化碳地质封存的潜在逃逸路径[11][129]，分别是：（1）盖层的孔隙系统；（2）盖层中断层和裂缝通道系统；（3）人为因素，如废弃井不及时封闭；（4）储层与周围岩层的水文动力系统。

目前，也有不少文献对二氧化碳地质封存项目的泄漏风险途径进行了分析，张森琦等（2010）认为，二氧化碳的泄漏可以分为人为逃逸通道、地质构造逃逸通道及跨越水力圈闭逃逸这三种途径[129]。刁玉杰等（2012）又将其分为地质因素、工程单元因素、施工因素和其他因素这四类[198]。

本书将泄漏途径主要分为四类：井筒泄漏、地质构造变化泄漏、跨越水力圈闭泄漏以及管道故障引起的泄漏，如表7.19所示，这些途径也就是故障树的中间事件，对它们进行深入分析，可获得二氧化碳泄漏的各个原因事件。

表7.19 二氧化碳泄漏类别

编号	泄漏类别
M_1	井筒泄漏
M_2	地质构造变化泄漏
M_3	跨越水力圈闭泄漏
M_4	管道故障

（1）井筒泄漏。

随着地质勘探等工程的开发，灌注井、监测井、废弃井的数量会逐渐增多，从而产生了潜在的二氧化碳泄漏隐患，主要分为由于井筒设计和施工不规范所导致的泄漏、由于二氧化碳灌注操作不当所造成的泄漏以及废弃井泄漏等情况。

因为井筒的设计、构造、材料的不同，逃逸途径也多种多样，但概括起来可以分为两类，一是工程单元各部分之间有缝隙，这一般是由于工程初期对井筒的设计不当，或者施工建设过程的不规范，导致各部位之间存在缝隙；二是由于工程单元所用材料的质量存在隐患，加上施工进行或完工之后，由于地理环境的变化，如温度、压力的变化，加速材料缺陷、漏洞放大，导致裂缝或孔洞的出现，形成二氧化碳逃逸通道[11]。

将二氧化碳灌注入地层中进行封存是一项处于发展中的技术，施工过程中存在一定的安全风险。具体来说又可以分为两类，一是如果在注入二氧化碳的过程当中，由于压力过大、速度过快或者注入量不合适，都不可避免地将导致二氧化碳或多或少的泄漏；二是由于施工过程安全监控不到位，当火灾或爆炸等意外事件发生时无法及时、合理地处理，导致二氧化碳大量外泄。

废弃井可分为有套管的废弃井和无套管的废弃井。对于有套管的废弃井来说，由于套管长时间且易遭受内外部腐蚀，从而有可能成为二氧化碳逃逸的通道。通常通过灌注水泥或采用机械性封堵来防止二氧化碳从废弃井中逃逸。

（2）地质构造变化泄漏。

由于地质、地理因素的变化，通常容易导致封存中的二氧化碳泄漏，主要可分为岩层的断裂构造导致的逃逸、通过盖层裂缝或扩散逃逸以及通过地裂缝或地震逃逸。

首先，岩层的断裂构造也是导致二氧化碳逃逸的主要渠道。断裂构造可以说是具有两面性，一方面它破坏了岩层的连续性，阻隔了二氧化碳的逃逸泄漏，对封存起到积极作用。但另一方面，它也可能导致不同类型地层之间由于地质断裂而相互接触，如盖层与存储层之间相互接触，而使二氧化碳有逃逸的通道[11]。而这正要求二氧化碳地质封存项目在选址时必须慎重、合理地利用这个特点，否则将起到反作用，导致二氧化碳泄漏。当然，地震、火山爆发等大型地质灾害的发生，也可能引起项目地点的地质出现断裂构造，这是人们在事前难以精确预测的，一旦发生，带来的泄漏可能性也是较大的。

其次，通过盖层逃逸的原因取决于盖层的岩性（即封闭性）、韧性（即产生裂缝的难易程度）、厚度（厚度越大，则越不容易逃逸）以及分布面积（盖层面积越广，连续性越强，则越有利于二氧化碳的封存）等[11]。基于这四种

因素，如果发生大型地质灾害，破坏盖层原有的结构和属性，可能出现盖层裂缝，或者最初选址时便没能充分探测盖层的各项属性，无须外界变化就已经可能存在裂缝。同时，选址时如果没有了解清楚盖层渗透率、突破压力、扩散系数等特性，导致封存设计与实际场地情况不相符，极可能导致气体渗透或扩散逃逸。

因此，无论是由于岩层的断裂构造导致的逃逸还是通过盖层裂缝或扩散导致的逃逸，选址不合理以及地质勘察失误都是造成二氧化碳的逃逸泄漏的基本原因事件。

最后，地裂缝有可能成为二氧化碳逃逸的近地表通道。此外，地震、火山爆发等大型自然灾害引起的地质活动，很有可能导致封存二氧化碳的地层结构变形、断裂，甚至被完全破坏，使得二氧化碳有机会从缺乏完整性的存储层中逃逸，所以，地裂缝或地震是导致二氧化碳逃逸的一个较为直接的渠道。

（3）跨越水力圈闭泄漏。

水力圈闭是指在地下水流作用下形成的圈闭，如水力坡度变化、水力梯度变化或水头压力大小的作用[129]。二氧化碳安全储存的基本条件是地质体的密封性[129]。将二氧化碳注入地层中，由于注入气体和储层盐水密度差及储层非均质性等原因，会导致二氧化碳通过水力圈闭向外泄漏。

（4）管道故障。

二氧化碳输送管道的故障也可能导致二氧化碳泄漏。二氧化碳输送管道有两种故障模式，一种是管道出现裂缝或孔隙，有可能是管道材料质量不合格、内外部腐蚀、人为破坏等原因所导致的，另一种故障模式是因管道的零配件出现故障所导致的，如管道阀门失控、机械接头故障、管道配件破裂均有可能导致二氧化碳泄漏。

7.5.3.3 绘制故障树图

通过因果关系的分析，确定二氧化碳地质封存泄漏风险的顶事件、中间事件和各项原因事件。本书通过 FreeFta 软件，绘制出相应的故障树图，从直观的角度了解二氧化碳泄漏的原因、途径，为进一步的定性、定量分析打下基础。

通过以上分析，将原因事件列举如表 7.20 所示。二氧化碳地质封存故障树图如图 7.10 所示，其中 T 表示顶事件二氧化碳泄漏，$M_i(i=1, 2, \cdots, 9)$ 表示导致二氧化碳泄漏的顶事件发生的中间事件，$X_i(i=1, 2, \cdots, 18)$ 表示导致二氧化碳泄漏的顶事件发生的基本事件，通过逻辑门“与门”和“或门”建立顶事件、中间事件和基本事件之间的逻辑关系。

表 7.20　　二氧化碳泄漏风险事件

编号	基本事件名称	所属中间事件名称
X_1	井内及井口装置不达标	井筒泄漏 M_1
X_2	原材料质量不合格	井筒泄漏 M_1
X_3	灌注速度过快	井筒泄漏 M_1
X_4	灌注压力过大	井筒泄漏 M_1
X_5	灌注量过多	井筒泄漏 M_1
X_6	安全监控不到位	井筒泄漏 M_1
X_7	废弃井泄漏	井筒泄漏 M_1
X_8	选址不合理	地质构造变化泄漏 M_2
X_9	地质勘查失误	地质构造变化泄漏 M_2
X_{10}	地裂缝或地震	地质构造变化泄漏 M_2
X_{11}	注入气体和储层盐水密度差	跨越水力圈闭泄漏 M_3
X_{12}	储层非均质性	跨越水力圈闭泄漏 M_3
X_{13}	人为破坏	管道故障 M_4
X_{14}	管道质量不合格	管道故障 M_4
X_{15}	内外部腐蚀	管道故障 M_4
X_{16}	管道阀门失控	管道故障 M_4
X_{17}	机械接头故障	管道故障 M_4
X_{18}	管道配件破裂	管道故障 M_4

7.5.3.4　定性分析

可以求出故障树的最小割集、最小径集和结构重要度来进行定性分析。

采用上行法或下行法，得到 18 个最小割集集合为 $\{X_1\}$，$\{X_2\}$，$\{X_3\}$，$\{X_4\}$，$\{X_5\}$，$\{X_6\}$，$\{X_7\}$，$\{X_8\}$，$\{X_9\}$，$\{X_{10}\}$，$\{X_{11}\}$，$\{X_{12}\}$，$\{X_{13}\}$，$\{X_{14}\}$，$\{X_{15}\}$，$\{X_{16}\}$，$\{X_{17}\}$，$\{X_{18}\}$。

从中可以看出，导致地质封存的二氧化碳泄漏的各种原因一旦出现，一般都能直接导致泄漏事件的发生。

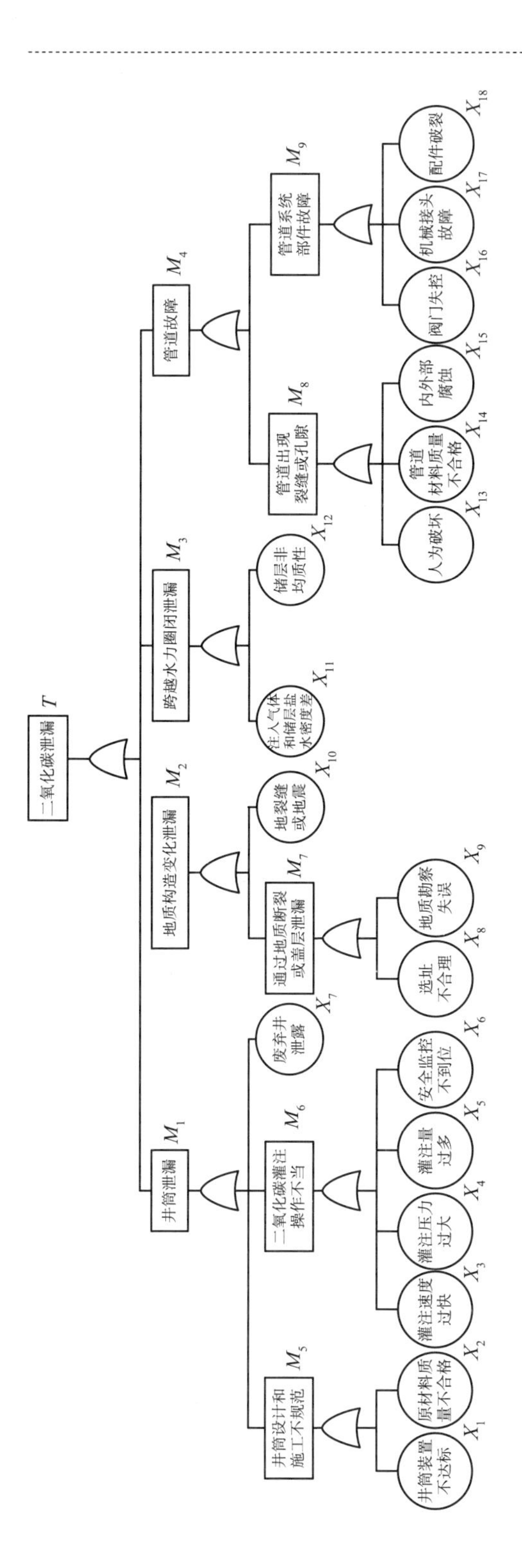

图7.10 二氧化碳泄露事件故障树

经过计算得出一个最小径集为：

$\{X_1, X_2, X_3, X_4, X_5, X_6, X_7, X_8, X_9, X_{10}, X_{11}, X_{12}, X_{13}, X_{14}, X_{15}, X_{16}, X_{17}, X_{18}\}$。

最小径集与最小割集其实是反映同一个问题的两种表达方式。从最小径集的分析中可以看出，必须做好各种风险因素的预防准备，才可以真正控制二氧化碳泄漏。

最后，可以求出二氧化碳泄漏原因事件的结构重要度：

$$I(X_1)=I(X_2)=I(X_3)=I(X_4)=I(X_5)=I(X_6)=I(X_7)=I(X_8)=I(X_9)=I(X_{10})=I(X_{11})=I(X_{12})=I(X_{13})=I(X_{14})=I(X_{15})=I(X_{16})=I(X_{17})=I(X_{18})$$

很明显，基本上所有的原因事件对二氧化碳泄漏风险的发生在结构上是同等重要的。结合最小割集和最小径集的分析结论，可以进一步了解到，导致二氧化碳泄漏的原因多种多样，且基本都能直接导致事故发生，想要防止地质封存的二氧化碳泄漏事件发生，对风险的防范必须尽可能地做到面面俱到。

7.5.4 基于故障树和证据理论的二氧化碳地质封存安全风险评价

假设有三位专家对某二氧化碳地质封存项目进行安全风险评价。设基本事件有两种可能状态（S，F），S 表示事件发生，F 表示事件不发生，三位专家根据经验判定每个基本事件的基本可信度分配，即 $m(S)$、$m(F)$ 和 $m(S, F)$，分别表示专家对“事件发生”“事件不发生”以及“不能判定事件是否发生”的基本可信度分配，如表 7.21 所示。例如专家一对基本事件“井内及井口装置不达标”的风险评价是 $m(S)=0.12$、$m(F)=0.80$ 和 $m(S, F)=0.08$，表示“井内及井口装置不达标”事件发生的基本可信度分配是 0.12，事件不发生的基本可信度分配是 0.80，不能判定事件是否发生的基本可信度分配是 0.08。

表 7.21　　二氧化碳地质封存安全风险专家评价信息

基本事件	专家一 m_1			专家二 m_2			专家三 m_3		
	(S)	(F)	(S, F)	(S)	(F)	(S, F)	(S)	(F)	(S, F)
井内及井口装置不达标	0.12	0.80	0.08	0.15	0.80	0.05	0.10	0.80	0.10
原材料质量不合格	0.15	0.70	0.15	0.18	0.80	0.02	0.12	0.70	0.18
灌注速度过快	0.10	0.80	0.10	0.15	0.70	0.15	0.12	0.70	0.18
灌注压力过大	0.15	0.80	0.05	0.10	0.80	0.10	0.16	0.80	0.04
灌注量过多	0.12	0.70	0.18	0.15	0.80	0.05	0.10	0.80	0.10

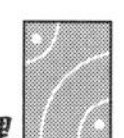

续表

基本事件	专家一 m_1			专家二 m_2			专家三 m_3		
	(S)	(F)	(S,F)	(S)	(F)	(S,F)	(S)	(F)	(S,F)
安全监控不到位	0.10	0.80	0.10	0.15	0.80	0.05	0.20	0.70	0.10
废弃井泄漏	0.15	0.70	0.15	0.12	0.80	0.08	0.20	0.70	0.10
选址不合理	0.18	0.70	0.12	0.15	0.80	0.05	0.20	0.70	0.10
地质勘查失误	0.15	0.80	0.05	0.10	0.80	0.10	0.25	0.70	0.05
地裂缝或地震	0.10	0.80	0.10	0.15	0.80	0.05	0.12	0.80	0.08
注入气体和储层盐水密度差	0.12	0.70	0.18	0.16	0.70	0.14	0.15	0.80	0.05
储层非均质性	0.10	0.80	0.10	0.15	0.80	0.05	0.18	0.70	0.12
管道质量不合格	0.16	0.70	0.14	0.18	0.70	0.12	0.15	0.80	0.05
内外部腐蚀	0.15	0.80	0.05	0.20	0.70	0.10	0.16	0.70	0.14
人为破坏	0.10	0.80	0.10	0.16	0.80	0.04	0.15	0.80	0.05
管道阀门失控	0.10	0.80	0.10	0.10	0.80	0.10	0.08	0.80	0.12
机械接头故障	0.15	0.80	0.05	0.15	0.80	0.05	0.12	0.80	0.08
管道配件破裂	0.10	0.80	0.10	0.12	0.80	0.08	0.10	0.80	0.10

为了综合专家评价信息，需要使用证据合成法则合成专家评价信息。

以基本事件“井内及井口装置不达标”为例，首先合成专家一和专家二的评价信息，其结果如下所示：

$$m_{12}(S)=\frac{m_1(S)m_2(S)+m_1(S)m_2(S,F)+m_2(S)m_1(S,F)}{1-[m_1(S)m_2(F)+m_1(F)m_2(S)]}=0.0459$$

$$m_{12}(F)=\frac{m_1(F)m_2(F)+m_1(F)m_2(S,F)+m_2(F)m_1(S,F)}{1-[m_1(S)m_2(F)+m_1(F)m_2(S)]}=0.9490$$

$$m_{12}(S,F)=\frac{m_1(S,F)m_2(S,F)}{1-[m_1(S)m_2(F)+m_1(F)m_2(S)]}=0.0051$$

然后将专家一和专家二合成结果与专家三进行合成，其结果如下所示：

$$m_{123}(S)=\frac{m_{12}(S)m_3(S)+m_{12}(S)m_3(S,F)+m_3(S)m_{12}(S,F)}{1-[m_{12}(S)m_3(F)+m_{12}(F)m_3(S)]}=0.0112$$

$$m_{123}(F)=\frac{m_{12}(F)m_3(F)+m_{12}(F)m_3(S,F)+m_3(F)m_{12}(S,F)}{1-[m_{12}(S)m_3(F)+m_{12}(F)m_3(S)]}=0.9882$$

$$m_{123}(S,F)=\frac{m_{12}(S,F)m_3(S,F)}{1-[m_{12}(S)m_3(F)+m_{12}(F)m_3(S)]}=0.0006$$

$Bel(X_1) = m_{123}(S) = 0.0112$

$Pl(X_1) = 1 - m_{123}(F) = 0.0118$

综合三个专家评价信息的基本事件“井内及井口装置不达标”的信任区间为：

$$[Bel(X_1), Pl(X_1)] = [0.0112, 0.0118]$$

同理可以得到其他基本事件发生的信任区间，如表7.22所示。

表7.22　　二氧化碳泄漏风险事件发生的信任区间

中间事件名称	基本事件名称	$[Bel(X_i), Pl(X_i)]$
井筒泄漏 M_1	井内及井口装置不达标 X_1	[0.0112, 0.0118]
	原材料质量不合格 X_2	[0.0277, 0.0285]
	灌注速度过快 X_3	[0.0222, 0.0261]
	灌注压力过大 X_4	[0.0120, 0.0123]
	灌注量过多 X_5	[0.0162, 0.0175]
	安全监控不到位 X_6	[0.0184, 0.0192]
	废弃井泄漏 X_7	[0.0273, 0.0293]
地质构造变化泄漏 M_2	选址不合理 X_8	[0.0303, 0.0313]
	地质勘查失误 X_9	[0.0201, 0.0205]
	地裂缝或地震 X_{10}	[0.0112, 0.0118]
跨越水力闭圈泄漏 M_3	注入气体和储层盐水密度差 X_{11}	[0.0260, 0.0279]
	储层非均质性 X_{12}	[0.0178, 0.0188]
管道故障 M_4	人为破坏 X_{13}	[0.0120, 0.0123]
	管道质量不合格 X_{14}	[0.0285, 0.0299]
	内外部腐蚀 X_{15}	[0.0294, 0.0306]
	管道阀门失控 X_{16}	[0.0090, 0.0106]
	机械接头故障 X_{17}	[0.0121, 0.0124]
	管道配件破裂 X_{18}	[0.0100, 0.0111]

根据故障树各事件逻辑关系，可以计算中间事件发生的信任区间：

井筒泄漏：$[Bel(M_1), Pl(M_2)] = [0.1276, 0.1362]$；

地质构造变化泄漏：$[Bel(M_2), Pl(M_2)] = [0.0603, 0.0623]$；

跨越水力闭圈泄漏：$[Bel(M_3), Pl(M_3)] = [0.0433, 0.0462]$；

管道故障：$[Bel(M_4), Pl(M_4)] = [0.0971, 0.1025]$；

最终可以确定顶事件发生的信任区间：[$Bel(T)$，$Pl(T)$] = [0.2919，0.3066]。

本书采用由“极低”到“极高”五个等级来描述二氧化碳地质封存安全风险等级，并采用信任区间来表示风险大小，如表7.23所示。例如当顶事件风险发生的信任区间是［0.8，1.0］时，表示二氧化碳泄漏的风险非常高，造成的损害极大，需要高度重视。

表7.23　　地质封存安全风险等级表

等级	描述	信任区间
极高	二氧化碳泄漏的风险非常高，造成的损害极大，需要高度重视	[0.8，1.0]
高	二氧化碳泄漏的风险比较高，造成的损害较强	[0.6，0.8]
中	二氧化碳泄漏的风险适中，造成的损害一般	[0.4，0.6]
低	二氧化碳泄漏的风险是比较低的，造成的损害比较轻微	[0.2，0.4]
极低	二氧化碳泄漏的风险是非常低的，可以忽略	[0，0.2]

7.5.5　二氧化碳地质封存风险防范建议

从基于故障树和证据理论的安全风险评价分析结果可以看出，地质封存的二氧化碳泄漏风险是多种多样的，想要防范二氧化碳的泄漏，保证二氧化碳地质封存项目的安全性、有效性、持久性，不仅要在微观方面从各个源头进行改进，同时也要在宏观方面加强管理。基于前面的分析，可以从以下多个方面对防范二氧化碳的泄漏提出可行性建议。

第一，加强事前地质调研、项目选址工作。由于地质构造变化、水文系统状态属自然现象，难以以人为手段进行控制，更无法操纵其变化规律，因此，想要防范此类风险的发生，最重要的是在二氧化碳地质封存选址时进行周密的调查及现场勘探，充分了解现场实地的地质问题，包括地壳稳定性，地层结构，气密性，渗透性，压力以及地震、火山等自然灾害发生的概率等，对这些因素进行综合调查评估，确保二氧化碳地质封存地点的安全性，为灌注二氧化碳的施工操作设计提供可靠资料，避免留下泄漏隐患。

第二，制定合理的工程安全计划，包括施工前的安全评估、施工时的风险预防措施以及事故发生时的应急补救方案。为了减少地质封存的二氧化碳泄漏事件的发生，我们建议相关部门制定一套完善的安全评价指标体系，针对潜在的安全隐患，在事前进行合理的评估[204]。

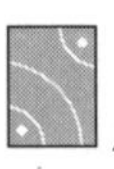

虽然我们可以充分分析二氧化碳泄漏风险发生的各种原因，但并不意味着只要已经把风险因素都考虑到，风险就不会发生。因此，既要从源头防范风险，也要在风险危害发生时，以足够快的速度进行处理及补救，这就要求我们在施工之前就应该做好相应的风险补救方案设计，防患于未然，以备不时之需。

第三，规范施工操作过程。施工操作不当问题是工程施工中常见的风险之一，二氧化碳地质封存项目也不例外。首先，施工方应认真制作井筒等工程单元，确保每一项规格、参数都达到工程指标要求。其次，要加强规范二氧化碳的灌注过程，有效地控制二氧化碳的注入速度、注入压力以及注入数量。再其次，对施工过程应进行动态监督，只要有一点的差错，都要及时发现，尽快处理，以免疏忽了任何一个泄漏途径。最后，在灌注二氧化碳结束后，应及时对灌注井、检测井和废弃井进行有效封堵，通常是采用灌注水泥或者机械性的方式进行封堵，做好工程的收尾工作。

第四，完善相关政策、法规。在工程方面对二氧化碳地质封存项目的泄漏风险进行控制是最直接有效的，但同时也需要从政策、法律、法规方面来规范和保障这一项新兴技术的发展。现阶段我国在二氧化碳捕集与封存技术方面的政策规范能力薄弱，政府可以通过立法的方式来保证二氧化碳地质封存技术的合法地位，规范施工流程，也可以通过制定相关经济政策，如碳税，来促进该技术的研究发展，进一步完善二氧化碳地质封存安全性评价指标体系，来指导、监督施工过程中的风险分析、风险防范、风险管理，以确保二氧化碳封存的安全性。

第五，推广示范项目，提高公众认识度。二氧化碳地质封存技术作为一项新兴技术，当前国内公众对其知之甚少，而在了解技术的人群之中对其评价也是褒贬不一。国外就曾出现过公众抵制项目开展的事件，为了防止此类风险事件的发生，相关部门应在引入技术的同时，做好技术普及宣传，也可以通过推广重点示范项目，来增强公众和政府对二氧化碳地质封存技术安全性的信心，以便该技术的进一步顺利推广与运用[205]。

第六，加强国际交流与合作。相较于国外对二氧化碳地质封存的研究与实践，我国的起步相对较晚。想要在该技术的发展道路上取得进步，必须加强与发达国家的沟通交流，学习它们在防范二氧化碳泄漏方面的思路与技巧，借鉴其在安全风险防范方面的成功案例，充分与国际组织、外国社会团体进行合作，利用国际资源，取长补短，提高我国二氧化碳地质封存的安全性。

7.5.6 结论

随着全球气候变暖，二氧化碳捕集与封存越来越受到人们的关注。而对于利用

CGS技术将二氧化碳封存于地下，由于地质、工程等多方面原因，二氧化碳有可能泄漏，进而对人类、生态环境、地理环境等产生影响，后果是难以估量的。

故障树分析法作为一个适用于大型复杂项目的风险分析方法，经过几十年的运用发展，已广泛适用于各个领域的风险管理。我国由于技术起步较晚，国内尚未将故障树分析法充分运用于二氧化碳地质封存项目中。同时，由于二氧化碳地质封存作为新兴技术，缺乏相关风险评价的有效信息，而证据理论是处理不确定信息的有效工具。因此，本章通过将故障树分析法和证据理论相结合，从定性和定量角度，较为全面直观地分析出二氧化碳泄漏原因以及风险事件之间的因果关系，具有较强的适用性。

本章小结

本章主要介绍了CCUS项目的风险管理与评价方法。首先，从传统项目的风险管理方法出发，对CCUS项目的各个环节进行了风险识别，并提出相应的风险管理方法。其次，分别结合组合赋权法和犹豫模糊VIKOR法、直觉模糊集和证据理论以及故障树和证据理论，进行二氧化碳捕集、管道运输和地质封存三个环节的故障模式与影响分析，构建相应的风险评价体系，并通过案例来验证该评价体系的适用性。最后，通过上述分析，针对不同环节，提出了相应的风险防范建议。

第 8 章

CCUS 在中国面临的机遇与挑战

8.1 CCUS 面临的机遇与挑战

8.1.1 机遇

根据中国石油经济技术研究院发布的 2017 版《2050 年世界与中国能源展望》可知，我国二氧化碳排放量将在 2030 年达到峰值，约为 102 亿吨[206]。无论是从人类的长远发展还是资源的有效利用来看，减少二氧化碳的排放都是十分必要的。这为 CCUS 技术的发展带来了很多机遇。

8.1.1.1 国家减排承诺

我国承诺到 2030 年单位国内生产总值二氧化碳排放要比 2005 年下降 60% ~ 65%，使得二氧化碳总排放量在 2030 年左右达到峰值，并争取尽早达到峰值[207]。虽然近年来煤炭在能源结构中所占的比重有所下降，但是，这种固有的以煤炭为主的能源结构在短期内是很难发生变化的。而且随着经济的不断发展，我国的能源消费量将不断攀升。这就使得我国二氧化碳的排放量仍十分巨大，要实现全部的减排承诺仍有很大的难度。因此为达到减排目标，一方面要努力调整能源结构，另一方面也要大力发展 CCUS 技术。

8.1.1.2 我国二氧化碳封存潜力大

为了减少二氧化碳的排放量，地质封存是一种重要的途径。据不完全统计，我国 1000 ~ 3000 米深部含盐水层的二氧化碳储存潜力达 1600 亿吨；300 ~ 1500 米深煤层的二氧化碳储存潜力达 121 亿吨，油气田二氧化碳储存潜力约 89 亿

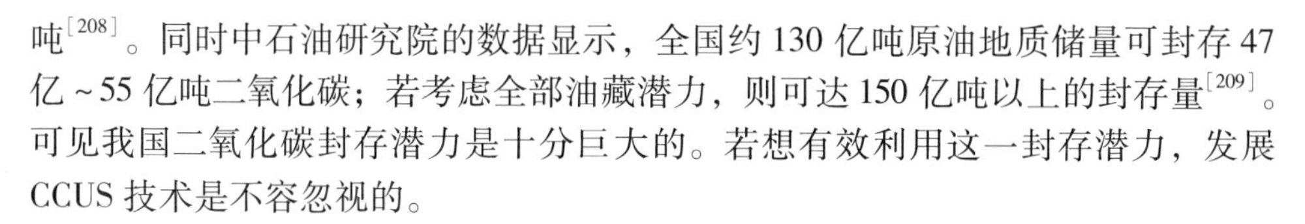

吨[208]。同时中石油研究院的数据显示，全国约130亿吨原油地质储量可封存47亿~55亿吨二氧化碳；若考虑全部油藏潜力，则可达150亿吨以上的封存量[209]。可见我国二氧化碳封存潜力是十分巨大的。若想有效利用这一封存潜力，发展CCUS技术是不容忽视的。

8.1.1.3　提高油田采收率的需求

根据目前国内外二氧化碳驱油技术在油田开采的应用可以看出，众多石油企业都认为二氧化碳驱油技术可以有效地提升石油的采收率，无论是在社会的需求上还是对于自身的利益方面都会带来可观的发展。根据《世界油气杂志》的统计结果可知，在众多提高油气田采收率的途径中，气驱提高的采收率居首位，其中利用二氧化碳能达到更好的驱油效果。而当采收率每提高一个百分点，就相当于新找到了一个3亿吨规模的大油田[210]。就我国而言，据统计适合二氧化碳驱油的原油地质储量约为130亿吨，可提高采收率约为15%，增加可采储量约为19.2亿吨[209]。可以看出，合理利用二氧化碳，能够有效提高原油采收率，改善油田开发效果。这就需要CCUS技术的进一步发展。

8.1.1.4　技术研发有积累，工程建设有经验

在CCUS的捕集、运输、利用、封存等各个环节所使用的技术，可以借鉴传统行业已有的技术成果与应用经验。这些传统行业已有的技术基础在很大的程度上减少了CCUS技术的前期投入，也有利于对其进行更深入的研究。目前，国内已有越来越多的电力、化工、石油天然气企业和设备服务提供商将CCUS看作是带动自身产业发展的良机。国内的CCUS示范项目也主要由大型企业实施，如神华、中石油、中石化、延长石油、华能等。这些项目为今后其他CCUS项目的开展积累了大量的技术经济数据和工程经验，更有利于CCUS在我国的进一步发展。

8.1.1.5　未来能耗和成本将具有经济性

虽然目前CCUS项目开展时的能耗和成本还比较高，但随着技术的不断发展，产能规模的不断扩大，它的能耗与成本会逐步减少。麦肯锡和EIA（美国能源信息管理局）曾经估算，CCUS在经过初期的示范阶段之后，其产能规模每翻一番，成本就有希望降低10%~20%[211]。再加上我国碳交易市场的不断完善，未来二氧化碳排放权的交易价格也会不断上涨，这也会使得CCUS项目更具有经济价值。

8.1.1.6　支持资金充沛，国际合作活跃

气候变化方面国际谈判的深化和国际合作的广泛开展为CCUS技术的跨国合

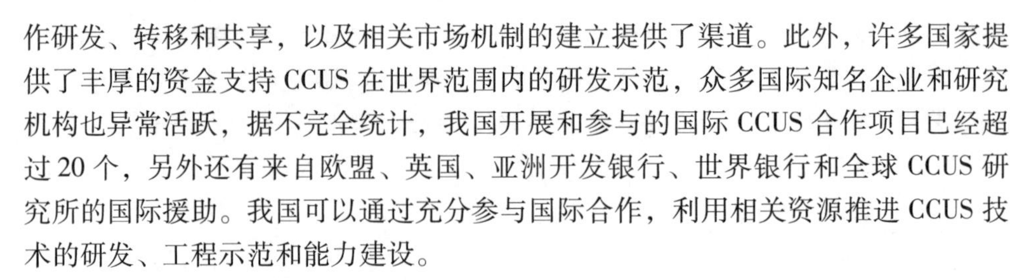

作研发、转移和共享，以及相关市场机制的建立提供了渠道。此外，许多国家提供了丰厚的资金支持 CCUS 在世界范围内的研发示范，众多国际知名企业和研究机构也异常活跃，据不完全统计，我国开展和参与的国际 CCUS 合作项目已经超过 20 个，另外还有来自欧盟、英国、亚洲开发银行、世界银行和全球 CCUS 研究所的国际援助。我国可以通过充分参与国际合作，利用相关资源推进 CCUS 技术的研发、工程示范和能力建设。

8.1.2　挑战

虽然 CCUS 技术有着广阔的发展前景，但是就当下而言，CCUS 的技术可靠性、经济可行性与环境安全性均有待提高，使得其在国内外饱受争议。安全隐患、高能耗、高成本、源汇匹配、封存潜力评估和公众接受度等问题都是我国 CCUS 发展的主要障碍。

8.1.2.1　安全隐患

CCUS 技术处理的是高浓度和高压下的液态二氧化碳，一旦在运输、注入和封存过程的任何环节发生泄漏，就可能会危及现场操作人员的人身安全，甚至会对泄漏地附近的居民和生态系统造成不良影响，导致人体中毒、海水酸化、土壤污染、地下水污染甚至诱发地震。因此，CCUS 技术对监测技术的水平要求很高，同时也必须具备完善的监管体系。为此，要想推广 CCUS 技术，必须建立风险评估体系、泄漏监测体系、应急预案等一系列管理体系。

8.1.2.2　成本和能耗偏高，经济性较差

CCUS 的高能耗与高成本主要体现在捕集环节。在现代化燃煤电厂中，要实现将所排放的二氧化碳的 80% 捕集并将其压缩到可输送状态，需要大量的能耗，此外还需要很大的成本。在目前的技术水平下，不论是 IGCC 电厂配备燃烧前捕集技术，还是普通热电厂的燃烧后捕集技术，引入二氧化碳捕集环节都将造成大量的额外资本投入和运行维护成本，从而使总体发电成本增加。因此，CCUS 技术实际上是通过消耗额外的能源换取碳排放的降低。由此可见，CCUS 目前的经济性较差。如果长时间内不能有效减少 CCUS 捕集过程中所需能耗与成本，那么这将是其实现商业化的重要阻碍。

8.1.2.3　源汇匹配

CCUS 在我国的发展还面临着一大阻碍：我国能源消费中心（即二氧化碳集

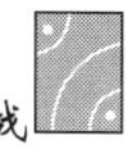

中排放地区）主要分布在东部地区，而能源资源和潜在陆上封存场所主要分布在西部地区。这就给源汇匹配、运输路径规划和运输方式选择带来了很大的挑战，由此必定会产生较高的运输成本，并且长距离的大量的运输也会带来更多的环境和公共安全风险。

8.1.2.4 缺少完整的封存潜力评估

在大规模实施CCUS之前，我国应该尽快完成准确的二氧化碳封存潜力评估工作。封存潜力的大小直接决定了CCUS可能实现的二氧化碳减排量，而不同类型的储层也影响着CCUS技术的研究方向与封存成本的估算，以及前面所提到的由源汇匹配问题所产生的成本。虽然目前已有一些评估数据，但是现有的评估方法与测量技术还不够完善，对储层的认识还有欠缺，因而导致对实际的二氧化碳储存潜力以及所带来的一系列影响仍然还是只有比较模糊的认知。因此，还需要进行更深一步的测量和调查。

8.1.2.5 公众接受度

由于CCUS目前仍处于发展阶段，其所带来的影响还不确定。出于对项目安全性的担忧，公众的态度已经成为其他国家一些CCUS项目无法顺利进行的主要原因。例如壳牌（Shell）公司佩尔尼斯（Pernis）炼油厂拟实施CCUS计划，该计划将向荷兰小镇巴伦德雷赫特（Barendrecht）附近地下的废气井注入从气化站捕集的二氧化碳，考虑到二氧化碳一旦泄漏所带来的危害是巨大的，附近的居民试图阻止该CCUS计划。虽然目前在我国这一问题还不是很突出，但是随着CCUS应用规模的扩大，鉴于我国复杂的地质条件以及公众对其认知的缺乏，人们很有可能产生强烈的忧虑与反对情绪。这会成为阻碍CCUS在我国进一步发展的重要原因。

8.2 对中国CCUS技术发展的建议

CCUS作为一项新兴的、能够有效减少二氧化碳排放的重要技术选择，目前已被广泛认为是应对全球气候变化、控制温室气体排放、实现全球2050年减排目标的重要技术之一，许多国家都开展了相关的研究或示范工程。为进一步推动我国CCUS技术的研发与示范工程，一方面，国家政府要给予大力支持，做好宏观协调与政策引导，加强国际合作。另一方面，还要加强创新能力建设，大力宣传相关知识以提高公众认知度与参与度。

8.2.1 制定 CCUS 技术发展路线图

研究制定我国 CCUS 技术发展路线图，明确 CCUS 技术在我国发展过程中的战略定位、发展目标、重点研究方向和重点任务。一方面明确未来 CCUS 技术发展重点和关键环节，引导资源有效配置；另一方面从系统层面安排部署重大项目计划，确保资源的有效使用。在规划时，要注重需要优先开展的工作，如二氧化碳源汇匹配优化研究，明确我国二氧化碳埋存利用综合潜力；进行全国二氧化碳管网规划与布局设计研究，启动二氧化碳区域管网建设试点；开展低成本捕集工艺技术研发，建设大型 CCUS 示范工程及基地等。

8.2.2 研究制定相关政策法规

CCUS 在我国的规范管理仍处于起步阶段，若想进一步发展，必须要完善与其相关的法律法规。鉴于国外 CCUS 技术已经发展的较为成熟，我国可以借鉴其他国家的相关法规，对现存法律体系进行修改或增补以规范 CCUS 的发展。例如，设立专门的公共资金，规定必须通过 CCUS 达到的减排标准，以及实行碳税政策等。

8.2.3 加强国际合作

为了促进 CCUS 在我国的发展，国际合作是必不可少的。我国必须加强与国际的技术交流，扩大合作规模，紧跟国际上 CCUS 的发展趋势。此外，在参与国际合作时，要努力融入核心技术的合作中，注重有针对性的合作项目。

8.2.4 加强创新能力建设

目前 CCUS 在我国还处于起步阶段，因此为推动其进一步发展，必须加强有关 CCUS 的创新能力建设。我国需要依托大型骨干企业与优势科研单位，建设国家重点实验室、国家工程技术研究中心及技术创新试验基地。另外还要成立国家 CCUS 信息数据库，包括二氧化碳排放源、二氧化碳利用情况以及国内二氧化碳封存潜力等信息。此外，需要建立 CCUS 产业技术创新战略联盟，推动 CCUS 关键技术的突破与示范顺利开展，产学研结合，充分发挥企业、院校的纽带作用，促进工业在 CCUS 技术方面的交流与合作，推动关键共性技术的联合攻关和大规

模全流程的 CCUS 技术示范工程建设。

8.2.5　提高公众认知度与参与度

由于应用 CCUS 的项目大都是关系国计民生的项目，因此公众接受度是至关重要的。在发展 CCUS 技术的同时，还要注重在社会大众间的宣传，让公众真正认识到 CCUS 技术的优势，以免引起不必要的社会焦虑情绪，甚至遭到项目所在地民众的抵制。

目前，我们不仅要利用 CCUS 的优势，更要注意到发展 CCUS 将会带来的各种问题。所以不能冒进。必须谨慎对待、目光长远，既要做到立足我国的国情，根据实际发展情况来规划，又要鼓励 CCUS 的发展，以加强 CCUS 研发和示范为要务。同时还要与国际接轨，加强国际交流，为 CCUS 未来的大规模应用做好准备。

本章小结

本章主要总结了目前 CCUS 在国内所面临的机遇与挑战。就其面临的机遇而言，主要是国家的支持、技术积累以及目前可知的巨大的二氧化碳封存潜力。然而，技术不成熟、经济效益差以及评估体系不健全等因素仍阻碍着 CCUS 在国内的发展。根据上述分析，指出目前我国应尽快完善 CCUS 运作体系，加强国际合作，注重创新建设。

参考文献

[1]《中国煤炭消费总量控制方案和政策研究项目》课题组：《煤炭使用对中国大气污染的贡献》报告，中国发展门户网，http：//cn. chinagate. cn/reports/2014-10/21/content_33824166. htm，2014 年 10 月 21 日。

[2] IEA（International Energy Agency）. Global Energy & CO_2 Status Report：The Latest Trends in Energy and Emissions in 2018. IEA Publication，2018.

[3] 晓雅：《气候、环境、能源大会，见证世界加速进入信息社会》，载《人民邮电》2016 年 6 月 8 日。

[4] IEA（International Energy Agency）. CO_2 Emissions from Fuel Combustion：Highlights（2018 Edition）. IEA publication，2018.

[5] 科学技术部社会发展科技司、中国 21 世纪议程管理中心：《中国碳捕集、利用与封存（CCUS）技术发展路线图研究》，科学出版社 2012 年版。

[6] 王亮方：《中国碳捕获与封存（CCS）产业化发展研究》，湖南大学博士学位论文，2013 年。

[7] Global CCS Institute，The Global Status of CCS：2019. http：//www. globalccsinstitute. com/resources/global-status-report/.

[8] 刘飞：《城市供热系统能耗及碳排放研究》，东北大学博士学位论文，2012 年。

[9] Angunn Engebø，Nada Ahmed，Jens J. Garstad，Hamish Holt，Risk Assessment and Management for CO_2 Capture and Transport Facilities. *Energy Procedia*，Vol. 37，December 2013，pp. 2783-2793.

[10] 王重卿：《二氧化碳地质储存安全风险评价方法研究》，华北电力大学硕士学位论文，2012 年。

[11] Bert Metz，Ogunlade Davidson，Heleen de Coninck，Manuela Loos，Leo Meyer，*IPCC Special Report on Carbon Dioxide Capture and Storage*. Cambridge，United Kingdom and New York，NY，USA，Cambridge University Press，2005.

[12] 科学技术部：《"十二五"国家碳捕集利用与封存科技发展专项规划》，http：//www. most. gov. cn/tztg/201303/t20130311_100051. htm，2013 年。

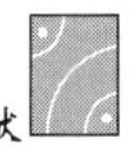

[13] Jaleh Samadi, Development of a Systemic Risk Management Approach for CO_2 Capture, Transport and Storage Projects. MINES ParisTech, 2012.

[14] 徐文佳、王万福、王文思：《二氧化碳捕集研究进展及对策建议》，载《绿色科技》2013 年第 1 期。

[15] 李兰廷、解强：《温室气体 CO_2 的分离技术》，载《低温与特气》2005 年第 4 期。

[16] 李昕：《二氧化碳输送管道关键技术研究现状》，载《油气储运》2013 年第 4 期。

[17] 中石化石油工程设计有限公司：《胜利燃煤电厂百万吨 CO_2 输送管道技术进展与运行挑战》，碳捕集、利用与封存（CCUS）全流程示范项目预可研研讨会会议论文，2014 年 7 月。

[18] 陈霖：《中石化二氧化碳管道输送技术及实践》，载《石油工程建设》2016 年第 4 期。

[19] 张超宇、李胜涛、杨丰田、张森琦、李旭峰：《开展二氧化碳地质储存，实现深度减排》，载《中国国土资源经济》2010 年第 4 期。

[20] 潘一、梁景玉、吴芳芳、徐荣其、梁玉业、张明明、徐利旋、杨双春：《二氧化碳捕捉与封存技术的研究与展望》，载《当代化工》2012 年第 10 期。

[21] 莫白：《二氧化碳封存的几种方法》，载《中国气象报》2009 年 3 月 16 日。

[22] Abhoyjit. Bhown, Brice Freeman, Analysis and Status of Post-combustion Carbon Dioxide Capture Technologies. *Environmental Science Technology*, Vol. 45, No. 20, September 2011, pp. 8624 – 8632.

[23] Jon Gibbins, Hannah Chalmers, Carbon Capture and Storage. *Energy Policy*, Vol. 36, No. 12, December 2008, pp. 4317 – 4322.

[24] Richard Svensson, Mikael Odenberger, Filip Johnsson, Lars Strömberg, Transportation Systems for CO_2 – Application to Carbon Capture and Storage. *Energy Conversion and Management*, Vol. 45, No. 15 – 16, September 2004, pp. 2343 – 2353.

[25] Ryunosuke Kikuchi, CO_2 Recovery and Reuse in the Energy Sector, Energy Resource Development and Others: Economic and Technical Evaluation of Large-Scale CO_2 Recycling. *Energy Environment*, Vol. 14, No. 4, April 2003, pp. 383 – 395.

[26] Michael A Celia, Jan M Nordbottena, Practical Modeling Approaches for Geological Storage of Carbon Dioxide. *Ground Water*, Vol. 47, No. 5, July 2009, pp. 627 – 638.

［27］ Bob van der Zwaan，Koen Smekens，CO_2 Capture and Storage with Leakage in an Energy-Climate Model. *Environment Modeling and Assessment*，Vol. 14，No. 2，April 2009，pp. 135 –148.

［28］ Fang Yang，Baojun Bai，Dazhen Tang Dunn – Norman Shair，Wronkiewicz David，Characteristics of CO_2 Sequestration in Saline Aquifers. *Petroleum Science*，Vol. 7，No. 1，February 2010，pp. 83 –92.

［29］ L. Myer，Global Status of Geologic CO_2 Storage Technology Development. United States Carbon Sequestration Council，July，2011.

［30］ Christine Doughty，Barry M. Freifeld，Robert C. Trautz，Site Characterization for CO_2 Geological Storage and Vice Versa：the Frio Brine Pilot，Texas，USA as a Case Study. *Environmental Geology*，Vol. 54，No. 8，June 2008，pp. 1635 –1656.

［31］ Semere Solomon，Michael Carpenter，Todd Allyn Flach，Intermediate Storage of Carbon Dioxide in Geological Formations：a Technical Perspective. *International Journal of Greenhouse Gas Control*，Vol. 2，No. 4，October 2008，pp. 502 –510.

［32］ Kurt Zenz House，Daniel P. Schrag，Charles F. Harvey，Klaus S. Lackner，Permanent Carbon Dioxide Storage in Deep-Sea Sediments. *Proceedings of the National Academy of Sciences*，Vol. 103，No. 33，September 2006，pp. 12291 –12295.

［33］ 王众：《中国二氧化碳捕捉与封存（CCS）早期实施方案构建及评价研究》，成都理工大学博士学位论文，2012 年。

［34］ 巢清尘、陈文颖：《碳捕获和存储技术综述及对我国的影响》，载《地球科学进展》2006 年第 3 期。

［35］ 李小春、方志明：《中国 CO_2 地质埋存关联技术的现状》，载《岩土力学》2007 年第 10 期。

［36］ 刘嘉、李永、刘德顺：《碳封存技术的现状及在中国应用的研究意义》，载《环境与可持续发展》2009 年第 2 期。

［37］ 江怀友、沈平平、罗金玲、黄文辉、卢颖、江良冀、齐仁理：《世界二氧化碳埋存技术现状与展望》，载《中国能源》2010 年第 6 期。

［38］ 王众、张哨楠、匡建超：《中国大规模发展碳捕捉和封存的 SWOT 分析》，载《国土资源科技管理》2010 年第 5 期。

［39］ 李小春、方志明、魏宁、白冰：《我国 CO_2 捕集与封存的技术路线探讨》，载《岩土力学》2009 年第 9 期。

［40］ 董华松、黄文辉：《CO_2 捕捉与地质封存及泄漏监测技术现状与进展》，载《资源与产业》2010 年第 2 期。

［41］ J. David，H. Herzog，The Cost of Carbon Capture. Massachusetts Institute

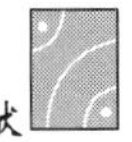

of Technology (MIT), 2001.

[42] Edward S Rubin, Chao Chen, Anand B. Rao, Cost and Performance of Fossil Fuel Power Plants with CO_2 Capture and Storage. *Energy Policy*, Vol. 35, No. 9, September 2007, pp. 4444 - 4454.

[43] G. Heddle, H. Herzog, M, Klett, The Economics of CO_2 Storage. Massachusetts Institute of Technology Laboratory for Energy and the Environment, Publication No. LFEE 2003 - 003 RP, 2003.

[44] D. L. Mccollum, J. M. Ogden, *Techno - Economic Models for Carbon Dioxide Compression, Transport, and Storage & Correlations for Estimating Carbon Dioxide Density and Viscosity*. Institute of Transportation Studies Working Paper, 2006.

[45] Keigo Akimoto, Masato Takagi, Toshimasa Tomoda, Economic Evaluation of the Geological Storage of CO_2, Considering the Scale of Economy. *International Journal of Greenhouse Gas Control*, Vol. 1, No. 2, January 2007, pp. 271 - 279.

[46] Koen Smekens, Bob van der Zwaan, Atmospheric and Geological CO_2 Damage Costs in Energy Scenarios. *Environmental Science & Policy*, Vol. 9, No. 3, May 2006, pp. 217 - 227.

[47] Sean T. Mccoy, The Economics of Carbon Dioxide Transport by Pipeline and Storage in Saline Aquifers and Oil Reservoirs. Carnegie Mellon University, 2008.

[48] 梁大鹏:《基于电力市场的中国 CCS 商业运营模式及仿真研究》, 载《中国软科学》2009 年第 2 期。

[49] 梁大鹏、李锬、腾超:《基于 Agent 模型的 CCS 商业运行机制研究》, 载《中国矿业》2009 年第 9 期。

[50] 田牧、安恩科:《燃煤电站锅炉二氧化碳捕集封存技术经济性分析》, 载《锅炉技术》2009 年第 3 期。

[51] 胥蕊娜、陈文颖、吴宗鑫:《电厂中 CO_2 捕集技术的成本及效率》, 载《清华大学学报(自然科学版)》2009 年第 9 期。

[52] Luis M. Abadie, José M. Chamorro, European CO_2 Prices and Carbon Capture Investments. *Energy Economics*, Vol. 30, No. 6, November 2008, pp. 2992 - 3015.

[53] Jane Szolgayova, Sabine Fuss, Michael Obersteiner, Assessing the Effects of CO_2 Price Caps on Electricity Investments—A Real Options Analysis [J]. *Energy Policy*, Vol. 36, No. 10, October 2008, pp. 3974 - 3981.

[54] Somayeh Heydari, Nick Ovenden, Afzal Siddiqui, Real Options Analysis of Investment in Carbon Capture and Sequestration Technology. *Computational Management Science*, Vol. 9, No. 1, February 2012, pp. 109 - 138.

［55］ Wenji Zhou, Bing Zhu, Sabine Fuss, Jana Szolgayová, Michael Obersteiner, Weiyang Fei, Uncertainty Modeling of CCS Investment Strategy in China's Power Sector. *Applied Energy*, Vol. 87, No. 7, July 2010, pp. 2392 - 2400.

［56］ Lei Zhu, Ying Fan, A Real Options-Based CCS Investment Evaluation Model: Case Study of China's Power Generation Sector. *Applied Energy*, Vol. 88, No. 12, December 2011, pp. 4320 - 4333.

［57］ 张新华、叶泽、李薇：《价格与技术不确定条件下的发电商碳捕获投资模型及分析》，载《管理工程学报》2012 年第 3 期。

［58］ 陈涛、邵云飞、唐小我：《多重不确定条件下发电与 CCS 技术的两阶段投资决策分析》，载《系统工程》2012 年第 3 期。

［59］ 陈涛、邵云飞、唐小我：《碳排放约束下的发电技术选择——以 PC 发电和 IGCC 发电为例》，载《技术经济》2013 年第 4 期。

［60］ 亢娅丽、朱磊：《气候政策不确定条件下的发电投资优化模型》，载《系统工程学报》2014 年第 5 期。

［61］ 寻斌斌、文福栓、黎小林、文安、傅闯：《计及排污权交易和多种不确定性的发电投资决策》，载《电力系统自动化》2014 年第 1 期。

［62］ 朱磊、范英：《中国燃煤电厂 CCS 改造投资建模和补贴政策评价》，载《中国人口·资源与环境》2014 年第 7 期。

［63］ 王素凤、杨善林、彭张林：《面向多重不确定性的发电商碳减排投资研究》，载《管理科学学报》2016 年第 2 期。

［64］ 张新华、甘冬梅、黄守军、叶泽：《考虑收益下限的火力发电商碳减排投资策略》，载《管理科学学报》2019 年第 11 期。

［65］ John Gale, Geological storage of CO_2: What do we know, where are the gaps and what more needs to be done? . *Energy*, Vol. 29, No. 9 - 10, July 2004, pp. 1329 - 1338.

［66］ Zhaowen Li, Mingzhe Dong, Shuliang Li, Sam Huang, CO_2 Sequestration in Depleted Oil and Gas Reservoirs - Caprock Characterization and Storage Capacity. *Energy Conversion & Management*, Vol. 47, No. 11 - 12, July 2006, pp. 1372 - 1382.

［67］ Kay Damen, André Faaij, W. C. Turkenburg, Health, Safety and Environmental Risks of Underground CO_2 Storage - Overview of Mechanisms and Current Knowledge. *Climatic Change*, Vol. 74, No. 1, January 2006, pp. 289 - 318.

［68］ M. Gerstenberger, Andy Nicol, M. Stenhouse, Kelvin Berryman, M. Stirling, T. Webb, W. Smith, Modularised Logic Tree Risk Assessment Method for

Carbon Capture and Storage Projects. *Energy Procedia*, Vol. 1, No. 1, February 2009, pp. 2495 – 2502.

[69] 许志刚、陈代钊、曾荣树:《CO_2地质埋存渗漏风险及补救对策》,载《地质论评》2008 年第 3 期。

[70] 刁玉杰、张森琦、郭建强、李旭峰、张徽:《深部咸水层 CO_2 地质储存地质安全性评价方法研究》,载《中国地质》2011 年第 3 期。

[71] 任姝娟、刁玉杰、张森琦:《二氧化碳地质储存工程的环境影响评估初探》,载《工业安全与环保》2014 年第 6 期。

[72] 刘冬梅、陈颖、李瑶:《中国碳捕集、利用与封存项目环境影响评价技术建议》,载《环境污染与防治》2014 年第 4 期。

[73] Stefan Bachu, Sequestration of CO_2 in Geological Media: Criteria and Approach for Site Selection in Response to Climate Change. *Energy Conversion and Management*, Vol. 41, No. 9, June 2000, pp. 953 – 970.

[74] Stefan Bachu, Carbon Dioxide Storage Capacity in Uneconomic Coal Beds in Alberta, Canada: Methodology, Potential and Site Identification. *International Journal of Greenhouse Gas Control*, Vol. 1, No. 3, July 2007, pp. 374 – 385.

[75] Ceri J. Vincent, Niels E. Poulsen, Zeng Rongshu, Dai Shifeng, Li Mingyuan and Ding Guosheng, Evaluation of Carbon Dioxide Storage Potential for the Bohai Basin, North-East China. *International Journal of Greenhouse Gas Control*, Vol. 1, No. 1, February 2009, pp. 598 – 603.

[76] C. W. Hsu, L. T. Chen, A. H. Hu, Y. M. Chang, Site Selection for Carbon Dioxide Geological Storage Using Analytic Network Process. *Separation and Purification Technology*, Vol. 94, 2012, pp. 146 – 153.

[77] 张洪涛、文冬光、李义连、张家强、卢进才:《中国 CO_2 地质埋存条件分析及有关建议》,载《地质通报》2005 年第 12 期。

[78] 刘延锋、李小春、白冰:《中国 CO_2 煤层储存容量初步评价》,载《岩石力学与工程学报》2005 年第 16 期。

[79] 刘延锋、李小春、方志明、白冰:《中国天然气田 CO_2 储存容量初步评估》,载《岩土力学》2006 年第 12 期。

[80] 李小春、刘延锋、白冰、方志明:《中国深部咸水含水层 CO_2 储存优先区域选择》,载《岩石力学与工程学报》2006 年第 5 期。

[81] 张菊、贾小丰、李旭峰:《华北南部盆地二氧化碳地质储存条件研究》,载《地下空间与工程学报》2015 年第 5 期。

[82] 霍传林:《我国近海二氧化碳海底封存潜力评估和封存区域研究》,大

连海事大学博士学位论文，2014 年。

[83] M. J. Mace, Chris Hendriks, Rogier Coenraads, Regulatory challenges to the implementation of carbon capture and geological storage within the European Union under EU and international law. *International Journal of Greenhouse Gas Control*, Vol. 1, No. 2, April 2007, pp. 253 –260.

[84] Heleen Groenenberg, Heleen de Coninck, Effective EU and Member State policies for stimulating CCS. *International Journal of Greenhouse Gas Control*, Vol. 2, No. 4, October 2008, pp. 653 –664.

[85] Melisa F Pollak, Elizabeth Joan Wilson, Regulating Geologic Sequestration in the United States: Early Rules Take Divergent Approaches. *Environmental Science Technology*, Vol. 43, No. 9, May 2009, pp. 3035 –3041.

[86] 范英、朱磊、张晓兵:《碳捕获和封存技术认知、政策现状与减排潜力分析》，载《气候变化研究进展》2010 年第 5 期。

[87] 汤道路、苏小云:《美国“碳捕捉与封存”（CCS）法律制度研究》，载《郑州航空工业管理学院学报（社会科学版)》2011 年第 5 期。

[88] 彭峰:《碳捕捉与封存技术（CCS）利用监管法律问题研究》，载《政治与法律》2011 年第 11 期。

[89] Klaas van Alphen, Quirine van Voorst tot Voorsta, Marko P. Hekkerta, Ruud E. H. M. Smits, Societal Acceptance of Carbon Capture and Storage Technologies. *Energy Policy*, Vol. 35, No. 8, August 2007, pp. 4368 –4380.

[90] Simon Shackley, Holly Waterman, Per Godfroij, David Reiner, Jason Anderson, Kathy Draxlbauer, Todd Allyn Flach, Stakeholder Perceptions of CO_2 Capture and Storage in Europe: Results from a Survey. *Energy Policy*, Vol. 35, No. 10, October 2007, pp. 5091 –5108.

[91] Anders Hansson et al. , Expert Opinions on Carbon Dioxide Capture and Storage—A Framing of Uncertainties and Possibilities. *Energy Policy*, Vol. 37, No. 6, June 2009, pp. 2273 –2282.

[92] 胡虎、李宏军、昌敦虎:《关于二氧化碳捕集与封存可接受度的调查分析》，载《中国煤炭》2009 年第 8 期。

[93] 王亮方、刘辉煌:《CCS 技术公众认知度及其影响因素的调查分析》，载《湖南科技大学学报（社会科学版)》2013 年第 6 期。

[94] 科学技术部社会发展技术司、科学技术部国际合作司、中国 21 世纪议程管理中心:《中国碳捕集、利用与封存（CCUS）技术进展报告》，2011 年 9 月。

[95] 科学技术部社会发展技术司、中国 21 世纪议程管理中心:《中国碳捕

集利用与封存技术发展路线图（2019）》，科学出版社2019年版。

［96］国家自然科学基金委，http：//www. nsfc. gov. cn/。

［97］张卫东、张栋、田克忠：《碳捕集与封存技术的现状与未来》，载《中外能源》2009年第11期。

［98］仲平、彭斯震、贾莉、张九天：《中国碳捕集、利用与封存技术研发与示范》，载《中国人口·资源与环境》2011年第12期。

［99］开颜：《中国首个二氧化碳捕集与封存工业化示范项目开工》，载《石油工业技术监督》2010年第6期。

［100］张茉楠：《全球气候治理新框架下的中国碳金融机遇》，载《中国经营报》2015年12月19日。

［101］《Refinitiv：去年全球碳市场总价值增加34%》，碳排放交易网，2020年3月16日。http：//www. tanpaifang. com/tanjiaoyi/2020/0316/69165. html。

［102］寇江泽：《全国碳排放权交易市场启动 首批纳入1700余家发电企业》，载《人民日报》2018年9月15日，http：//finance. people. com. cn/n1/2018/0915/c1004－30294827. html。

［103］刘志琴：《我国CCS发展的融资模式研究》，湖南大学硕士学位论文，2012年。

［104］朱发根、陈磊：《我国CCS发展的现状、前景及障碍》，载《能源技术经济》2011年第1期。

［105］王晓敏：《CCS在中国的商业运营模式与激励措施研究》，哈尔滨工业大学硕士学位论文，2008年。

［106］曾繁华、陈建军、吴立军：《碳税与排放权交易制度比较及碳税实施问题研究》，载《财政研究》2014年第5期。

［107］靳东升：《山雨欲来话碳税》，载《金融博览》2010年第8期。

［108］苏明、傅志华、许文、王志刚、李欣、梁强：《碳税的国际经验与借鉴》，载《经济研究参考》2009年第72期。

［109］付静娜：《我国碳税法律制度构建问题研究》，河南师范大学硕士学位论文，2014年。

［110］李婷、李成武、何剑锋：《国际碳交易市场发展现状及我国碳交易市场展望》，载《经济纵横》2010年第7期。

［111］张盈、匡建超、王众：《中外碳交易市场发展现状分析》，载《中外能源》2014年第3期。

［112］陶贻功、杨侃、王宁：《碳减排千亿市场 环保迎新增长点》，北极星大气网，2014年1月25日，http：//huanbao. bjx. com. cn/news/20160125/704223－

6. shtml。

[113] 李布:《借鉴欧盟碳排放交易经验构建中国碳排放交易体系》，载《中国发展观察》2010年第1期。

[114]《中国CDM项目签发最新进展》，碳排放交易网，2015年11月19日，http://www.tanpaifang.com/CDMxiangmu/2015/1119/49052.html。

[115] 中国碳排放交易网，http://www.tanpaifang.com/。

[116] Stewart C. Myers, Determinants of Corporate Borrowing. *Journal of Financial Economics*, Vol. 5, No. 2, November 1977, pp. 147 - 175.

[117] Avinash K. Dixit, Robert S. Pindyck, *Investment under Uncertainty*. Princeton: Princeton University Press, 1994.

[118] Ram Chandra Sekar, Carbon Dioxide Capture from Coal Fired Power Plants: A Real Options Analysis. Boston: Massachusetts Institute of Technology, 2005.

[119] Harri Laurikka, Option Value of Gasification Technology within an Emissions Trading Scheme. *Energy Policy*, Vol. 34, No. 18, December 2006, pp. 3916 - 3928.

[120] Sabine Fuss, Jana Szolgayová, Fuel Price and Technological Uncertainty in a Real Options Model for Electricity Planning. *Applied Energy*, Vol. 87, No. 9, September 2010, pp. 2938 - 2944.

[121] Joachim Geske, Johannes Herold, Carbon Capture and Storage Investment and Management in an Environment of Technological and Price Uncertainties. *Social Science Electronic Publishing*, Vol. 5, No. 5, April 2010, pp. 1779 - 1782.

[122] 张正泽:《基于实物期权的燃煤电站CCS投资决策研究》，哈尔滨工业大学硕士学位论文，2010年。

[123] 刘佳佳:《基于实物期权中国CCS、CCUS潜在价值对投资决策的影响分析》，江苏大学硕士学位论文，2014年。

[124] Directive 2009/31/EC of the European Parliament and of the Council of 23 April 2009 on the Geological Storage of Carbon Dioxide and Amending Council Directive 85/337/EEC, European Parliament and Council Directives 2000/60/EC, 2001/80/EC, 2004/35/EC, 2006/12/EC, 2008/1/EC and Regulation (EC) No 1013/2006 [J/OL] 2009, http://eur - lex.europa.eu/LexUriServ/LexUriServ.do? uri = OJ:L:2009:140:0114:0135:EN:PDF.

[125] 孙亮、陈文颖:《CO_2地质封存选址标准研究》，载《生态经济》2012年第7期。

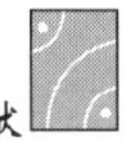

[126] 范基姣、贾小丰、张森琦等:《CO_2 地质储存潜力与适宜性评价方法及初步评价》,载《水文地质工程地质》2011 年第 6 期。

[127] 郭建强、张森琦、刁玉杰等:《深部咸水层 CO_2 地质储存工程场地选址技术方法》,载《吉林大学学报》2011 年第 4 期。

[128] 李伟、张宏图:《基于证据理论的碳存储选址研究》,载《科技进步与对策》2013 年第 23 期。

[129] 张森琦、刁玉杰、程旭学、张晓娟、张杨、郑宝峰、赵学亮:《二氧化碳地质储存逃逸通道及环境监测研究》,载《冰川冻土》2010 年第 6 期。

[130] McGillivray Alison, Saw Ju Lynne, Lisbona Diego, Wardman Mike, Bilio Mike, A Risk Assessment Methodology for High Pressure CO_2 Pipelines Using Integral Consequence Modelling. *Process Safety and Environmental Protection*, No. 1, Vol. 92, January 2014, pp. 17 – 26.

[131] G. Shafer, *Mathematical Theory of Evidence*. Princeton: Princeton University Press, 1976.

[132] 段新生:《证据理论与决策、人工智能》,中国人民大学出版社 1993 年版。

[133] Anne – Laure Jousselme, Dominic Grenier, Éloi Bossé, A New Distance between Two Bodies of Evidence. *Information Fusion*, Vol. 2, No. 2, June 2001, pp. 91 – 101.

[134] Weiru Liu. Analyzing the Degree of Conflict Among Belief Functions. *Artificial Intelligence*, Vol. 170, No. 11, August 2006, pp. 909 – 924.

[135] 邓勇、施文康、朱振福:《一种有效处理冲突证据的组合方法》,《红外与毫米波学报》2004 年第 1 期。

[136] Shu Ping Wan, Qiang Ying Wang, Jiu Ying Dong, The Extended VIKOR Method for Multi-Attribute Group Decision Making with Triangular Intuitionistic Fuzzy Numbers. *Knowledge – Based Systems*, Vol. 52, November 2013, pp. 65 – 77.

[137] L. A. Zadeh, Review of Books: a Mathematical Theory of Evidence. *AI Magazine*, Vol. 5, No. 3, August 1984, pp. 81 – 83.

[138] Herman Akdag, Turgay Kalaycl, Suat Karagöz, Haluk Zülfikar, Deniz Giz. The Evaluation of Hospital Service Quality by Fuzzy MCDM. *Applied Soft Computing*, Vol. 23, October 2014, pp. 239 – 248.

[139] Ch. – Ch. Chou. The Canonical Representation of Multiplication Operation on Triangular Fuzzy Numbers. *Computers and Mathematics with Applications*. Vol. 45, No. 10 – 11, May 2003, pp. 1601 – 1610.

[140] Yong Deng, Felix T. S. Chan, A new fuzzy dempster MCDM method and its application in supplier selection. *Expert Systems with Applications*, Vol. 38, No. 8, August 2011, pp. 9854 – 9861.

[141] 赵立坤:《项目风险管理》,中国电力出版社2015年版。

[142] 郭波、龚时雨、谭云涛:《项目风险管理》,电子工业出版社2008年版。

[143] Jose Condor, Datchawan Unatrakarn, Malcolm Wilson, Koorosh Asghari, A Comparative Analysis of Risk Assessment Methodologies for the Geologic Storage of Carbon Dioxide. *Energy Procedia*, Vol. 4, December 2011, pp. 4036 – 4043.

[144] Kuei – Hu Chang, Evaluate the Orderings of Risk for Failure Problems Using a More General RPN Methodology [J]. *Microelectronics Reliability*, Vol. 49, No. 12, December 2009, pp. 1586 – 1596.

[145] Kuei – Hu Chang, Ching – Hsue Cheng, Yung – Chia Chang, Reprioritization of Failures in a Silane Supply System Using an Intuitionistic Fuzzy Set Ranking Technique. *Soft Computing*. Vol. 14, No. 3, February 2010, pp. 285 – 298.

[146] HuChen Liu, Long Liu, Nan Liu, Risk Evaluation Approaches in Failure mode and Effects Analysis: A Literature Review. *Expert Systems with Applications*, Vol. 40, No. 2, February 2013, pp. 828 – 838.

[147] John B. Bowles, C. Enrique Peláez, Fuzzy Logic Prioritization of Failures in a System Failure Mode, Effects and Criticality Analysis. *Reliability Engineering and System Safety*, Vol. 50, No. 2, December 1995, pp. 203 – 213.

[148] A. Pillay, Jin Wang, Modified Failure Mode and Effects Analysis Using Approximate Reasoning. *Reliability Engineering and System Safety*, Vol. 79, No. 1, January 2003, pp. 69 – 85.

[149] Marcello Braglia, Marco Frosolini, Roberto Montanari, Fuzzy Criticality Assessment Model for Failure Modes and Effects Analysis. *International Journal of Quality & Reliability Management*, Vol. 20, No. 4, June 2003, pp. 503 – 524.

[150] Marcello Braglia, Marco. Frosolini, Roberto Montanari, Fuzzy TOPSIS Approach for Failure Mode, Effects and Criticality Analysis. *Quality and Reliability Engineering International*, Vol. 19, No. 5, September 2003, pp. 425 – 443.

[151] Kuei – Hu Chang, Ching – Hsue Cheng, A Risk Assessment Methodology Using Intuitionistic Fuzzy Set in FMEA. *International Journal of Systems Science*, Vol. 41, No. 11, December 2010, pp. 1457 – 1471.

[152] Kwai – Sang Chin, Ying – Ming Wang, Gary Ka Kwai . Poon, Jian – Bo

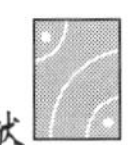

Yang, Failure Mode and Effects Analysis Using a Group-Based Evidential Reasoning Approach. *Computers & Operations Research*, Vol. 36, No. 11, June 2009, pp. 1768 - 1779.

[153] JianPing Yang, HongZhong Huang, LiPing He, ShunPeng Zhu, DunWei Wen. Risk Evaluation in Failure Mode and Effects Analysis of Aircraft Turbine Rotor Blades Using Dempster - Shafer Evidence Theory under Uncertainty. *Engineering Failure Analysis*. Vol. 18, No. 8, December 2011, pp. 2084 - 2092.

[154] Ahmet Can Kutlu, Mehmet Ekmekçio ğ lu, Fuzzy Failure Modes and Effects Analysis by Using Fuzzy TOPSIS - Based Fuzzy AHP. *Expert Systems with Applications*, Vol. 39, No. 1, January 2012, pp. 61 - 67.

[155] HuChen Liu, Long Liu, Nan Liu, Lingxiang Mao, Risk Evaluation in Failure Mode and Effects Analysis with Extended VIKOR Method under Fuzzy Environment. *Expert Systems with Applications*, Vol. 39, No. 17, December 2012, pp. 12926 - 12934.

[156] HuChen Liu, Jianxin You, XiaoYue You, Mengmeng Shan, A Novel Approach for Failure Mode and Effects Analysis Using Combination Weighting and Fuzzy VIKOR Method. *Applied Soft Computing*, Vol. 28, March 2015, pp. 579 - 588.

[157] V. Torra, Hesitant Fuzzy Sets. *International Journal of Intelligent System*, Vol. 25, No. 6, June 2010, pp. 529 - 539.

[158] V. Torra, Y. Narukawa, On Hesitant Fuzzy Sets and Decision, in: The 18th IEEE International Conference on Fuzzy Systems, Jeju Island, Korea, 2009, 1378 - 1382.

[159] MeiMei Xia, ZeShui Xu, Hesitant Fuzzy Information Aggregation in Decision Making. *International Journal of Approximate Reasoning*, Vol. 52, No. 3, March 2011, pp. 395 - 407.

[160] ZeShui Xu, MeiMei Xia, On Distance and Correlation Measures of Hesitant Fuzzy Information. *International Journal of Intelligent System*, Vol. 26, No. 5, May 2011, pp. 410 - 425.

[161] DaYong Chang, Applications of the Extent Analysis Method on Fuzzy AHP. *European Journal of Operational Research*, Vol. 95, No. 3, December 1996, pp. 649 - 655.

[162] YingMing Wang, Using the Method of Maximizing Deviations to Make Decision for Multi-Indices. *Journal of System Engineering and Electronics*, Vol. 8, No. 3, January 1997, pp. 21 - 26.

[163] Serafim Opricovic, Multicriteria Optimization of Civil Engineering Systems (in Serbian, Visekriterijumska Optimizacija Sistema u Gradjevinarstvu). Faculty of Civil Engineering, Belgrade, 1998.

[164] Serafim Opricovic, Gwo - Hshiung Tzeng, Multicriteria Planning of Post-earthquake Sustainable Reconstruction. *Computer - Aided Civil and Infrastructure Engineering*, Vol. 17, No. 3, May 2002, pp. 211 - 220.

[165] Serafim Opricovic, Gwo - Hshiung Tzeng, Extended VIKOR Method in Comparison with Outranking Methods. *European Journal of Operational Research*, Vol. 178, No. 2, April 2007, pp. 514 - 529.

[166] Mohammad Kazem Sayadi, Majeed Heydari, Kamran Shahanaghi, Extension of VIKOR Method for Decision Making Problem with Interval Numbers. *Applied Mathematical Modelling*, Vol. 33, No. 5, May 2009, pp. 2257 - 2262.

[167] Amir Sanayei, S. Farid Mousavi, A. Yazdankhah, Group Decision Making Process for Supplier Selection with VIKOR under Fuzzy Environment. *Expert Systems with Applications*, Vol. 37, No. 1, January 2010, pp. 24 - 30.

[168] T. L. Saaty, *The Analytic Hierarchy Process*, McGraw - Hill, New York, 1980.

[169] International Energy Agency, World Energy Outlook, 2013.

[170] Kuei - Hu Chang, Ching - Hsue Cheng, Evaluating the Risk of Failure Using the Fuzzy OWA and DEMATEL Method. *Journal of Intelligent Manufacturing*, Vol. 22, No. 2, April 2011, pp. 113 - 129.

[171] HuChen Liu, Long Liu, Ping Li, Failure Mode and Effects Analysis Using Intuitionistic Fuzzy Hybrid Weighted Euclidean Distance Operator. *International Journal of Systems Science*, Vol. 45, No. 10, October 2014, pp. 4403 - 4415.

[172] DongShang Chang, Kuo Lung Paul Sun, Applying DEA to Enhance Assessment Capability of FMEA. *International Journal of Quality & Reliability Management*, Vol. 26, No. 6, June 2009, pp. 629 - 643.

[173] Kwai - Sang Chin, Ying - Ming Wang, Gary Ka Kwai Poon, Jian - Bo Yang, Failure Mode and Effect Analysis by Data Envelopment Analysis. *Decision Support Systems*, Vol. 48, No. 1, December 2009, pp. 246 - 256.

[174] Kai Meng Tay, Chee Peng Lim, Enhancing the Failure Mode and Effect Analysis Methodology with Fuzzy Inference Techniques. *Journal of Intelligent & Fuzzy Systems*, Vol. 21, No. 1 - 2, January 2010, pp. 135 - 146.

[175] HuChen Liu, JianXin You, XiaoYue You, Evaluating the Risk of Health-

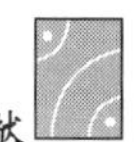

care Failure Modes Using Interval 2 – Tuple Hybrid Weighted Distance Measure. *Computers & Industrial Engineering*, Vol. 78, December 2014, pp. 249 – 258.

[176] Behnam Vahdani, M. Salimi, M. Charkhchian, A New FMEA Method by Integrating Fuzzy Belief Structure and TOPSIS to Improve Risk Evaluation Process. *International Journal of Advanced Manufacturing Technology*, Vol. 77, No. 1 – 4, March 2015, pp. 357 – 368.

[177] Krassimir T, Atanassov. Intuitionistic Fuzzy Sets. *Fuzzy Sets and Systems*, Vol. 20, No. 1, August 1986, pp. 87 – 96.

[178] ZeShui Xu, Approaches to Multiple Attribute Group Decision Making Based on Intuitionistic Fuzzy Power Aggregation Operators. *Knowledge – Based Systems*, Vol. 24, No. 6, August 2011, pp. 749 – 760.

[179] Arthur P. Dempster, Upper and Lower Probabilities Induced by a Multivalued Mapping. *Annals of Mathematics and Statistics*, Vol. 38, No. 2, April 1967, pp. 325 – 339.

[180] HuChen Liu, Long Liu, QiHao Bian, Qin Lian Lin, Na Dong, Peng Cheng Xu, Failure Mode and Effects Analysis Using Fuzzy Evidential Reasoning Approach and Grey Theory [J]. *Expert Systems with Applications*, Vol. 38, No. 4, April 2011, pp. 4403 – 4415.

[181] 张所地、王拉娣:《DEMPTER – SHAFER 合成法则的悖论》，载《系统工程理论与实践》1997 年第 5 期。

[182] Catherine K. Murphy, Combining Belief Functions When Evidence Conflicts. *Decision Support Systems*, Vol. 29, No. 1, July 2000, pp. 1 – 9.

[183] Yong Deng, WenKang Shi, ZhenFu Zhu, Qi Liu, Combining Belief Functions Based on Distance of Evidence. *Decision Support Systems*, Vol. 38, No. 3, December 2004, pp. 489 – 493.

[184] Ludmila Dymova, P. Sevastjanov, An Interpretation of Intuitionistic Fuzzy Sets in Terms of Evidence Theory: Decision Making Aspect. *Knowledge-based System*, Vol. 23, No. 8, December 2010, pp. 772 – 782.

[185] Ludmila Dymova, P. Sevastjanov, The Operations on Intuitionistic Fuzzy Values in the Framework of Dempster – Shafer Theory. *Knowledge-Based System*, Vol. 35, November 2012, pp. 132 – 143.

[186] Ya Li, Yong Deng, BingYi Kang, A Risk Assessment Methodology Based on Evaluation of Group Intuitionistic Fuzzy Sets. *Journal of Information & Computational Science*, Vol. 9, No. 7, July 2012, pp. 1855 – 1862.

[187] 史超、程咏梅、潘泉:《基于直觉模糊和证据理论的混合型偏好信息集结方法》,载《控制与决策》2012 年第 8 期。

[188] YingMing Wang, JianBo Yang, DongLing Xu, A Preference Aggregation Method Through the Estimation of Utility Intervals. Computers and Operations Research, Vol. 32, No. 8, August 2005, pp. 2027 – 2049.

[189] YingMing Wang, JianBo Yang, DongLing Xu, A Two-Stage Logarithmic Goal Programming Method for Generating Weights from Interval Comparison Matrices. *Fuzzy Sets and Systems*, Vol. 152, No. 3, June 2005, pp. 475 – 498.

[190] Emre Emre Boran, Serkan Genc, Mustafa Kurt, Diyar Akay, A Multi-Criteria Intuitionistic Fuzzy Group Decision Making for Supplier Selection with TOPSIS Method. *Expert Systems with Applications*, Vol. 36, No. 8, October 2009, pp. 11363 – 11368.

[191] 张军、李桂菊:《二氧化碳封存技术及研究现状》,载《能源与环境》2007 年第 2 期。

[192] 周蒂:《CO_2 的地质存储——地质学的新课题》,载《自然科学进展》2005 年第 7 期。

[193] 姜江、李璇、邢立宁、陈英武:《基于模糊证据推理的系统风险分析与评价》,载《系统工程理论与实践》2013 年第 2 期。

[194] 王众、张哨楠、匡建超:《碳捕捉与封存技术国内外研究现状评述及发展趋势》,载《能源技术经济》2011 年第 5 期。

[195] Behdeen Oraee – Mirzamani, Tim Cockerill, Zen Makuch, Risk Assessment and Management Associated with CCS. *Energy Procedia*, Vol. 37, 2013, pp. 4757 – 4764.

[196] Régis Farret, Philippe Gombert, Franz Lahaie, Auxane Cherkaoui, Stéphane Lafortune, Pierre Roux, Design of Fault Trees as a Practical Method for Risk Analysis of CCS: Application to the Different Life Stages of Deep Aquifer Storage, Combining Long-Term and Short-Term Issues. *Energy Procedia*, Vol. 4, December 2011, pp. 4193 – 4198.

[197] M. Irani, Development and Application of BowTie Risk Assessment Methodology for Carbon Geological Storage Projects. University of Alberta, 2012.

[198] 刁玉杰、张森琦、郭建强等:《CO_2 地质储存泄漏安全风险评价方法初探》,载《中国人口·资源与环境》2012 年第 8 期。

[199] 蔡博峰、格雷格·利蒙(Greg Leamon)、刘兰翠:《二氧化碳地质封存和环境监测》,化学工业出版社 2013 年版。

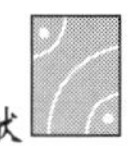

［200］ Arthur P. Dempster, A Generalization of Bayesian Inference. *Journal of the Royal Statistical Society*, Vol. 30, No. 2, January 1968, pp. 205 – 247.

［201］ M. Khalaj, Ahmad Makui, Reza Tavakkoli – Moghaddam, Risk-Based Reliability Assessment under Epistemic Uncertainty. *Journal of Loss Prevention in the Process Industries*, Vol. 25, No. 3, May 2012, pp. 571 – 581.

［202］ Refaul Ferdous, Faisal Khan, Rehan Sadiq, Paul Amyotte, B. Veitch, Fault and Event Tree Analyses for Process Systems Risk Analysis: Uncertainty Handling Formulations. *Risk Analysis*, Vol. 31, No. 1, January 2011, pp. 86 – 107.

［203］ 杨建平:《证据理论及其复杂系统可靠性分析方法与应用研究》，电子科技大学博士学位论文，2012 年。

［204］ 张福良、刘诗文:《我国二氧化碳地质储存环境选择及安全分析》，载《生态经济》2014 年第 8 期。

［205］ 任韶然、张莉、张亮:《CO_2 地质埋存: 国外示范工程及其对中国的启示》，载《中国石油大学学报: 自然科学版》2010 年第 1 期。

［206］ 中国石油经济技术研究院:《2050 年世界与中国能源展望》(2017 版)，2017 年 8 月。

［207］ 张斌、张晓峰:《气候变化〈巴黎协定〉解读》，载《中国能源报》2015 年 12 月 28 日。

［208］ 程一步、孟宪玲:《我国碳减排新目标实施和 CCUS 技术发展前景分析》，载《石油石化节能与减排》2016 年第 2 期。

［209］ 张建:《CCUS，低碳发展的必然选择》，载《中国石油企业》2014 年第 5 期。

［210］ 奚震 :《把工夫下在提高采收率上》，载《中国石化》2011 年第 6 期。

［211］ 米剑锋、孙皎、罗玮:《我国 CCUS 技术发展趋势研究》，2012 年中国电机工程学会年会会议论文，2012 年 11 月。